有机花园

家庭庭院设计风格与建造

[日] 曳地 Toshi　曳地义治　著

冯莹莹　译

中国水利水电出版社
www.waterpub.com.cn

·北京·

欢迎来到有机园艺的世界！

在这个世界里，花草尽情绽放，蝴蝶翩翩起舞，

鸟儿飞到树林间啄食青虫和果实。

这里阳光和煦、微风拂面、细雨霏霏，

枯黄的落叶、菜叶又重新回到大地的怀抱。

这就是有机园艺的魅力，它将静态的植物与不同空间里的各种生物有机地整合在一起。

各种新技术让我们的生活更加便利，但是对网络和计算机的过度依赖却让我们在不知不觉中逐渐远离了大自然。此时，我们要做的是走出封闭空间，到庭院中感受大自然的气息。

有机栽培技术能让庭院成为你放松身心的乐土。庭院劳作不同于激烈的体育运动，它能让身体在平稳的节奏中得到放松。与大自然交流不仅能让我们养成遵从自然规律的从容性格，还能让我们学会应时而动、未雨绸缪。此外，通过学习各种昆虫、花草知识还能让我们充分认识生命的神奇之处。

当你知晓那些令人生厌的杂草、昆虫其实是庭院真实状况的"预报员"时，一定会对大自然有一种全新认识。任何生物都有存在的意义，如果能让它们做到"物尽其用"不正是一件美事吗？即使位于生态系统顶端的生物也无法独自生存，因为它与其他生物构成了彼此关联的网状结构。

用基因手段追溯地球上所有生物的祖先时会发现，所有生物都起源于一处，而且在它之前及之后并未发现其他生命系统的痕迹。可见，正是这唯一的、充满奇迹的生命体孕育出地球上包括动植物及微生物在内的所有生物系统。

撰写本书的初衷就是为了帮助读者建造一种让所有生物都能和谐共处的"生命主题式庭院"。如果你想尝试有机园艺不妨参考此书，而你要做的就是适时改变某些固有观点。书中内容十分通俗易懂，定会给你以耳目一新之感。

曳地 Toshi 曳地义治

欢迎来到有机园艺的世界！

Part 1

有机园艺的相关基础知识

在行动之前，首先介绍一下有机园艺的相关知识。

Basis

1 🌱

有机园艺的四季变化

不同季节能赋予有机园艺以不同风格，同时吸引各种昆虫及小动物到访。接下来就让我们去一探究竟吧！

春 阔别已久的春天让各种杂草和动植物都蠢蠢欲动。

落在鸟巢箱上的白脸山雀开始准备筑巢材料。

三叶草（白三叶草）发芽较早，小巧可爱的它还能自行抵抗杂草。

繁花似锦的花坛是如此生机勃勃。

夏 夏季光照较强，花团锦簇的庭院不失为一处休闲佳所。

在蔚蓝天空映衬下的百日草更显得艳丽夺目。

冬　各种树木、昆虫都进入冬眠，此时的庭院显得分外静谧。

落光叶片的鹅耳枥树间接增强了室内光照。

冬季整枝是为了明年春天做准备。

秋　夏季繁华渐息，庭院逐渐归于平静。

金黄的鹅耳枥树叶即将随风飘落。

在夏季品尝过甘甜的蓝莓果后，还可在秋季观赏火红的蓝莓叶。

3

有机园艺的概念

主要介绍有机园艺的风格及有机园艺的三要素。

学会接纳庭院里的各种昆虫

很多人将"有机园艺"理解为"无农药驱虫式庭院",这是大错特错的。其实,庭院就是一种人工建造的让人亲近大自然的休闲场所,而昆虫、花鸟本身就是大自然的一部分。如果庭院里没有昆虫,就无法真正感受到大自然的气息。因此,有机园艺不仅强调无农药、无化肥,还要接纳昆虫的存在。归纳起来,有机园艺的三要素就是生物多样性、生态循环和地域特点。

也许你认为种植单一品种花卉的花坛整齐划一、十分漂亮,可一旦发生病虫害时,花坛就会遭受灭顶之灾。以生物多样性的观点来看,引入多种生物能有效预防单一病虫害的大爆发。

生态循环就是各种物质被分解后经过循环再回到原始状态的过程。这些物质通过被分解为无机物而再次被植物吸收,以实现生态系统的循环。

再来说说地域特点。例如近年来,日本每年都会从各国引进大量的新品种花卉,但其中一些品种并不适应日本高温多湿的气候。这类品种极易发生病虫害,因此在栽种前应充分了解各地区的气候特点,因地制宜地进行种植。

有机栽培式庭院的特点是便于使用、易打理、有效舒缓心情,但并不要求精细化的高强度作业。我们不必介怀庭院中的昆虫及杂草,有机栽培技术能让你真切感受到自然万物的勃勃生机!

[有机园艺的三要素]

1 生物多样性

"生物多样性"就是由不同生物共同织就的巨幅"生命锦缎"。

由不同生物共同构成的完整拼图，每种生物都是缺一不可的。

2 生态循环

"生态循环"就是各种物质被微生物分解为无机物后经过各种循环、再利用而回到原初状态的过程。

有多种可供庭院使用的循环系统，如留种、堆肥、雨水塔、外用炉等。

3 地域特点

"地域特点"就是因地种植。在稳定的生态系统中，某个物种不会呈爆发式增长。一旦出现某物种爆发式增长的情况，就意味着生态平衡已遭到破坏。

日本禁止外来品种"大金鸡菊"的种植、运输、销售及野外弃置。

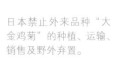

5

有机园艺的生态系统

[生态系统的结构]

不同生物之间都存在着直接或间接的联系，并非简单的"弱肉强食"关系，所有位于系统顶端的生物只有依靠基层生物才能生存。

高级消费者
位于生物系统顶端的猛禽、狐等。近年，此类生物的数量不断减少。

消费者
包括直接摄取植物类食物（有机物）的昆虫以及以此昆虫为食从而间接摄取植物营养的动物。

分解者
包括能直接粉碎有机物的蚯蚓等以及将粉碎后的有机物分解为无机物的细菌。

生产者
指所有能将无机物转化为有机物的植物，是所有生物的粮食来源。

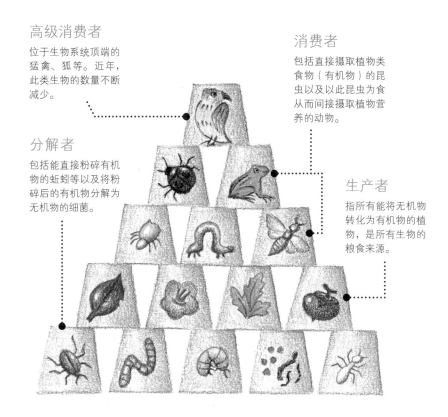

一棵树就是一个生态系统

庭院里的一棵树就是一个完整的生态系统。当树上有蚜虫时，异色瓢虫就会来吃蚜虫，而鸟儿又会来吃异色瓢虫。

生态系统就是各种物质被微生物分解为无机物，如自然界生物互相吞食后，其尸体、粪便转化成肥料而重新被土壤吸收的过程。各种生物通过不同方法来保持自然界的平衡，同时也让自然界更富于多样性。就这一点而言，有机园艺显得尤为难能可贵。

[生态系统遭破坏的原因]

过度开发而导致的环境问题首先会影响生态系统顶端的大型动物。

A

将部分森林开发为住宅区

开发会减少森林面积，同时缩小原有生态系统，此时最先消失的就是猛禽、狐等高级消费者。

B

在森林中铺设道路

森林生态系统从基部被一分为二，变成两个小型生态系统，由此造成多种消费者消失。

有机园艺与生态系统之间的平衡

学习生态循环相关知识，了解有机园艺中的生态平衡。

昆虫对维持生态平衡的作用

用有机栽培方法建造庭院时，庭院状态会随着时间而逐渐趋于稳定，即便偶有病虫害发生也不会对庭院造成严重影响。病虫害会引来食用病菌的昆虫以及青虫、毛虫的天敌，因此庭院生态系统能一直处于平衡状态中。

停用农药、化肥的初期是"反扑期"，此时病虫害会呈爆发式增长。在此期间，需要通过整枝、松土等方法帮助树木恢复元气以使其挺过"反扑期"。尤其是蚜虫和介壳虫，它们虽然不会给森林中的植物造成大面积虫害，却经常出现在城市栽种的植物中。当环境受到破坏时首先会出现蚜虫和介壳虫，同时它们也具有一定的环境修复作用。可以说，这两种昆虫是生态平衡被破坏时的预警生物。

因时因地、科学合理的栽种能充分降低病虫害的发生概率，如果想种植的植物不适于周围环境也终会枯萎。庭院内环境并非一成不变，可以尝试在不同地点分别种植3次同种植物，如果这3次种植都失败就说明该植物并不适于庭院环境，此时必须放弃该植物。虽然舍弃了自己中意的植物，但还有很多适于该环境的植物可供选择。

如果庭院生态系统处于平衡状态，就一定能找到适合该系统的植物。栽种植物绝不可完全凭主观心情或一味附和潮流，而应学会在平衡氛围中尽享庭院之美。

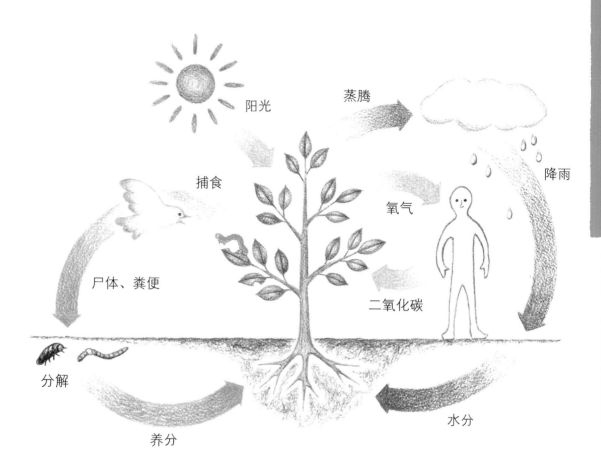

阳光　蒸腾　降雨　捕食　氧气　尸体、粪便　二氧化碳　分解　养分　水分

基于植物的供给循环系统

这里简单介绍一下供给循环系统。

小到杂草、大到树木，各种植物都是通过叶、干吸收阳光，通过根部吸收水分和养分，利用光合作用将二氧化碳转化为氧气。所有动物都是直接或间接地获取植物养分，死后尸体被微生物分解后又重新转化为植物养分。

另外，植物在此循环中生成的氧气会被包括人类在内的所有动物吸收，而我们呼出的二氧化碳也会再次被植物利用。

由此可知，自然界的各种生物就是在这种供给循环中实现共生的。

有效利用昆虫

有机栽培式庭院里的昆虫绝非害虫。了解昆虫的相关知识，让它们成为我们的朋友。

"病虫害" ≠ "病害" + "害虫"

很多人都是因为"讨厌昆虫"而使用农药，所以超市的园艺用品专区出售各种杀虫剂。其实，人类对于"害虫"的界定一直很模糊，所谓"害虫"多指那些外形丑陋的昆虫。

然而，在将这些昆虫定义为"害虫"之前，你是否知道它们的名字、了解它们的生活习性呢？

其实，地球上出现的所有昆虫并非是为了有害于人类或有益于人类，它们只是根据不同环境来选择生存所需的食物而已。于是，人类习惯将那些食用重要农作物或植物的昆虫称为"害虫"，而将食用害虫的昆虫称为"益虫"。归根结底，这种分类方式是基于人类自身的价值判断。人们总是将"病虫害"理解为"病害"加"害虫"，我却认为世上根本不存在所谓的"害虫"。

自然界没有"害虫"而有"天敌"，所有以其他生物为食的生物都是对方的"天敌"。

很多被人类称之为"益虫"的昆虫，外形大都怪异。如果能通过观察来了解这些昆虫的生活习性、繁殖特点及成长规律就能免除后顾之忧。由此，你的庭院也会显得更加生机勃勃。

看起来毫不起眼的昆虫却经历了 36 亿年的漫长进化，正是进化过程中的某些必然因素决定了它们现在的形态。如果你能仔细观察这些昆虫，定会为它们多彩多姿的形态所深深折服。

[昆虫与其他生物的关联性]

从人类角度理解

种植庭院树会耗费大量的财力和精力，人们认为那些啃噬树木的昆虫就是"害虫"，必然要全力消灭。反之，那些食用此类害虫的昆虫就是"益虫"。

"害虫"　"益虫"

捕食

吸附在梅树上的桃球坚蚧会吸食树木汁液，从而影响树木生长。

红星瓢虫的幼虫和成虫均以介壳虫为食。

从生物角度理解

自然界的所有昆虫只是为了获取生存所需食物，并不存在"害虫"与"益虫"之说。根据食物链理论，通过捕食或寄生杀死对方而获取食物的生物就是对方的"天敌"。自然界中的所有生物都有天敌。

共生

蚂蚁以蚜虫分泌的蜜露为食，并与之形成共生关系，因此蚂蚁就成了蚜虫的"贴身保镖"。

啃噬柚树的蚜虫。

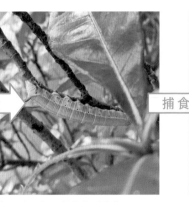

捕食　捕食

栀子叶是栀子大透翅天蛾最喜爱的食物。

栀子大透翅天蛾的大型幼虫。

白脸山雀和山雀都以青虫、毛虫为食。

[瓢虫的形态变化]

完全变态

昆虫经历幼虫、蛹、成虫阶段后，其幼虫外形完全不同于成虫的发育过程为"完全变态"。蜜蜂、瓢虫、甲虫、草蜻蛉、蝴蝶、蛾类都属于此类昆虫。

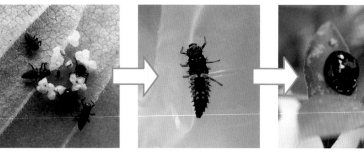

出生后的幼虫会立即食用卵壳，同时幼虫间会互相残食以保留强壮个体。

经 3 次蜕皮后而变成终龄幼虫，平均每天食用 100 只以上的蚜虫。

成虫寿命约 2 个月，平均每天食用数百只蚜虫。

[螳螂的形态变化]

不完全变态

出生幼虫的形态与成虫基本相同，发育过程不经历蛹期。螳螂、飞蝗类、椿象等都属于此类昆虫。

泡状卵鞘。

能从中生出 200 只以上的幼虫。

食用各种活物，但不擅于捕捉小型昆虫。

蛹期昆虫与非蛹期昆虫

昆虫从幼虫到成虫有两种发育系统，一种是经历蛹期的"完全变态发育"，如瓢虫等；另一种是无蛹期且幼虫与成虫外形相似的"不完全变态发育"，如螳螂等。

对于"完全变态"昆虫而言，其幼虫与成虫的外形差异较大，其幼虫会经常被误认为"害虫"。有些人就将外形奇特的瓢虫幼虫当成"害虫"并使用杀虫剂捕杀。由于很多昆虫图鉴只登载了成虫照片，所以希望大家能了解一下常见昆虫的幼虫形态。

[观察要点]

蔬菜

蔬菜叶片上会经常出现蚜虫、菜粉蝶幼虫、甘蓝夜蛾等。

昆虫粪便

根据山茶树上的茶毛虫粪便可判断出上端叶片的叶背部很可能生有茶毛虫。

植物生长点

聚集于山茶树生长点处的蚜虫。

草花

白花茼蒿上的蚜虫及与其共生的蚂蚁。

发生虫害的叶背

遭受虫害的栀子叶片，其叶背很可能生有栀子大透翅蛾幼虫。

叶背

蚜虫最喜欢食用嫩叶，很多叶片叶表光亮，但叶背却很可能生有大量蚜虫。

其他

遭受潜蝇侵食的常春藤叶。该昆虫又名"绘图虫"。

绿篱

茂密的山茶树篱最容易引发茶毛虫，所以需定期剪枝。

树根部

堆积于树根部的木屑是天牛幼虫的理想居所。

有效利用杂草

杂草在有机园艺中的作用是什么？如何观察才能实现有效利用杂草？

杂草是土壤状况的风向标

虽然很多人都觉得杂草碍眼，但是杂草的出现却是因为土壤自身的需要。

例如，酸性土壤中常生长问荆，因为问荆枯萎后会将体内钙质补充给土壤而起到中和作用。乌鸦豌豆通过根瘤菌固定空气中的氮，蒲公英的根具有松土作用，鱼腥草生长在人迹罕至的阴湿地带。

总之，杂草是土壤状况的风向标，通过判断杂草种类便能大致了解土壤状况。

要想有效利用杂草就要学会观察。用一年时间仔细观察庭院内杂草，就能发现它们的不同变化。当某一种杂草的使命结束后，自然会有另一种杂草取而代之。如果想了解杂草的生长特点，就必须先认识它们。

为使杂草不影响庭院美观，需在 5 月上旬及时割草，其高度控制在 5cm 左右为最佳。很多人等到杂草已成疯长之势后才想起来割草，这不免为时已晚。因为只有在杂草长势正劲时割草，才能有效抑制其后期生长。而且，割草不应仅限 1 次，每两周割 1 次草不仅能长久保持草坪的平整外观，还免去了拔草的麻烦。最近，无线充电式割草机也逐渐被广泛使用。对于那些无需杂草的场所，割 1 次草后通过每日踩踏即可抑制杂草生长。

[杂草类型]

藤蔓草类

属于藤蔓类植物。如果遮盖树木会影响树木的光合作用并最终导致树木枯萎。

匍匐草类

株高较矮，贴地生长的杂草。

莲座草类

生于地表且叶片呈放射状的杂草。

细叶草类

叶片细长的杂草，包括禾本科、莎草科及蓼科等杂草。

圆叶草类

生于地表的大型圆叶杂草，还包括一些叶片并不浑圆却十分醒目的品种。

其他类

包括茎部生有叶片、地表附近无叶片以及地表叶片呈直立状的各类杂草。

15

[观察地点]

开发地

博落回：生长于荒地、空地的先导植物，随风轻摆的白色小花非常可爱。

向阳地

虎杖：常见于干燥的向阳处，其叶、茎会随着日照变强而泛红。

酸性土壤

问荆：含钙量丰富，枯落植株可中和酸性土壤。

背阴地

牛膝：常见于背阴处且外形不起眼，其种子极易附着在衣服或小动物身上。

碱性土壤

一枝黄花：茎部会分泌一种抑制其他植物生长的物质。

阴湿地

蕺菜：常见于人迹罕至的阴湿地区，可用作茶饮或草药。

[不同杂草的特性]

抗除草剂

飞蓬属（一年蓬）：过度使用除草剂会引起植株对除草剂的抗性。

偏好肥沃土地

粗毛牛膝菊：喜爱含氮量高的场所，常见于堆肥箱附近。

可食用

日本艾蒿：香气宜人，常用于制作草饼、艾灸等。

随人传播

车前草：种子会在雨后吸附于鞋底以随人传播，常用于制作中药。

具有毒性

刻叶紫堇（又名断肠草）：整个植株均具有毒性，一旦误食会出现呕吐、呼吸困难、心脏麻痹等症状。

偏好硬地

蒲公英：常见于硬地，其根如牛蒡可达土壤深处，具有松土作用。

动手一试！

给休闲庭院注入有机栽培的理念

对于繁忙的现代人而言，一座洋溢着泥土芬芳、满眼花红柳绿、可闻虫鸣鸟语的庭院是放松心情、舒缓压力的绝佳去处。而说到庭院，就不能不提到有机栽培技术。

有机园艺庭院最重视的就是舒适性。如果人们不愿意走入庭院，庭院就会日渐荒芜，这也导致人们越发兴趣索然进而使整个庭院荒废。为了摆脱此种困局，可尝试在住宅与庭院之间修建一个类似于木连廊的连接区。同时，还要及时整理花铲、扫帚及闲置花盆等以让庭院显得井然有序。另外，庭院内需设置收纳空间，如能再放置一些桌椅会更便于人们来此读书、品茶。

修建庭院路不仅便于人们漫步其中，还能及时观察杂草及树木的生长情况。设置一处便利的给水站会成为庭院中的亮点，而且它还便于日常作业。另外，设置雨水回收装置和堆肥箱能实现物质间的循环利用。

如此舒适的庭院环境让人们乐而忘返，也让家庭氛围更加融洽。拒绝使用农药能引来各种鸟儿，由此间接减少了虫害。这里不仅是孩子、宠物们的乐园，还能充分感受到不同生物营造的丰富多彩的自然气息。

[用有机栽培技术打造可循环式庭院]

感知生态系统
蜜蜂帮助花草受粉，同时捕食青虫。

安全的环境
不使用任何农药和除草剂，宠物、儿童及过敏体质者均可放心前往。

雨水收集装置
设立雨水收集装置便于灌溉及清洗各种工具，能让人充分享受到自然循环的惠赠。

堆肥箱
设置堆肥箱利于及时处理家中各种厨余垃圾，既卫生又方便。

庭院种植相关注意事项
——不可忽视邻里关系

在修造庭院或修剪庭院树之前，最好事先跟周边邻居打一声招呼。因为修造庭院使用的大型机器难免产生噪音，修剪院墙处的树木时也难免有残枝枯叶落到邻居院内，所以事先打声招呼还是必要的。

另外，考虑到树木落叶及枝干伸展情况，最好不要紧邻院墙种植乔木及小型乔木。一旦树木落叶堵塞了邻居房屋的檐槽或是影响对方庭院的光照，就很容易产生邻里矛盾，所以应设法在落叶前及时修剪树木以减少落叶量。

私人庭院内的榉树。种植大型庭院树时，必须在树周留出充足空间。

栽种庭院树时切不可仅考虑个人喜好，而应充分考察栽种环境及对周围邻居的影响，栽种后还应及时剪枝以控制树形。

很多人都因为对庭院问题处理不当而引发出邻里矛盾。如果事事都能为对方考虑一些就可以避免纷争，让邻里关系更加和谐。

Part 2

不同类型的有机

园艺

介绍各种不同类型的有机园艺实例，为你提供具体设计方案。

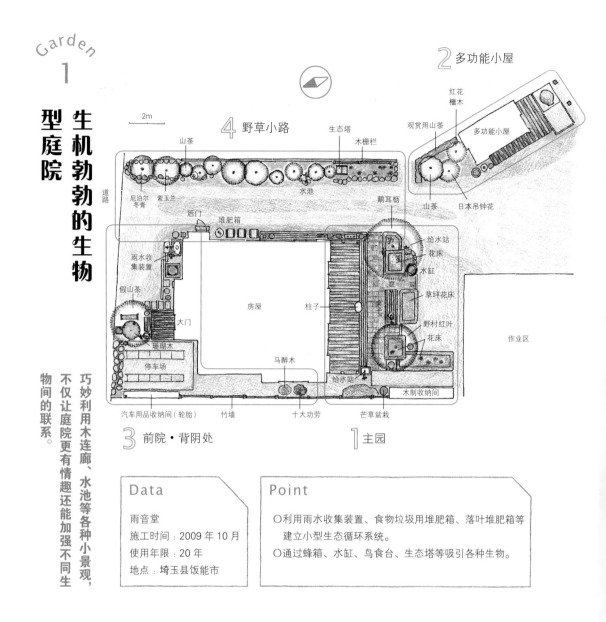

型庭院

生机勃勃的生物

2m

2 多功能小屋

红花檵木

观赏用山茶

多功能小屋

4 野草小路

山茶

生态塔

木栅栏

道路

尼泊尔冬青

紫玉兰

水池

鹅耳枥

山茶

日本吊钟花

后门

堆肥箱

给水站
花床

雨水收集装置

水缸

草坪花床

假山茶

房屋

柱子

野村红叶

大门

花床

作业区

珊瑚木

停车场

马醉木

给水站

木制收纳间

汽车用品收纳间（轮胎）

竹墙

十大功劳

芒草盆栽

3 前院·背阴处

1 主园

巧妙利用木连廊、水池等各种小景观，不仅让庭院更有情趣还能加强不同生物间的联系。

Data

雨音堂
施工时间：2009 年 10 月
使用年限：20 年
地点：埼玉县饭能市

Point

○利用雨水收集装置、食物垃圾用堆肥箱、落叶堆肥箱等建立小型生态循环系统。
○通过蜂箱、水缸、鸟食台、生态塔等吸引各种生物。

让多种生物和谐共处

修建庭院并非只为种植花草，还要让各种杂草、昆虫、爬虫及鸟类能和谐共处，让人们尽享不同生物营造的庭院之美，这就是"生物型庭院"的魅力。

上述设计融合了多种提升庭院情趣的小景观，包括连接房屋与庭院的木连廊、充实生态系统的生物小区、实现生态循环的堆肥箱、雨水收集装置、舒适的桌椅及各种植物等。归根结底，只有实用且充满情趣的庭院才具有较强的抗灾害能力。

将房屋与庭院巧妙连接起来的木连廊。南面的落叶树能起到夏阴凉、冬有阳的作用。

1 主院

① 醉鱼草

引来蝴蝶、蛾类吸食花蜜，同时引来以蝴蝶、蛾类为食的螳螂。该植株不易产生虫害，多于 4—10 月开花。

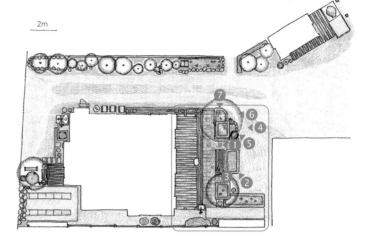

2m

③ 桌式给水站

坚固的桌式给水站既能当作餐桌、茶桌还可进行各种简单作业，人们可随时在此洗手及清洗工具。

② 草坪花床

修建一个榻榻米大小（90cm × 180cm）的草坪花床，既便于除草又能随意坐卧。

冬　　秋　夏

④ 四季树景

种于南面的落叶树能让人们在夏季享受阴凉，在秋季欣赏红叶，在冬季沐浴阳光。

⑤ 水缸的妙处

水缸可成为鸟类及昆虫的水源，如果放入一些青鳉鱼和金鱼还能吃掉缸内的孑孓。

⑦ 耐阴植物

可在树荫下种植紫萼等半耐阴杂草以及能在背阴处开花的草花植物。

⑥ 白脸山雀

事先将巢箱安装在鹅耳枥上，以让白脸山雀每年能来此做巢1~2次。

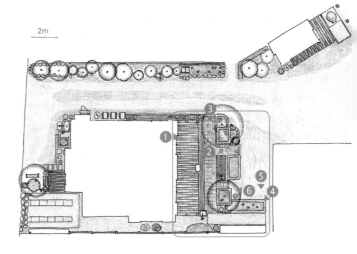

2m

❶ 屋内赏景

70cm 高的花床便于人们直接从屋内观赏庭院景色，各色花朵在翠绿山色的衬托下更显艳丽。

❷ 花床植栽

花床适于栽种常绿植物，尤其是能四季观赏的一年生草本植物。

❸ 减少杂草

在木连廊与庭院之间铺上红砖能有效减少杂草面积。

❹ 花床与杂草

在西面 40cm 高的花床里种上各种
花草，而花床周围地面的杂草仿佛
一片绿毯。

❺ 木制收纳墙

收纳墙不仅能让庭院更整洁，还间
接起到了院墙的作用。

❻ 野村红叶

除了绿叶树之外还可选用红叶树为
标志树，以让庭院更具韵味。

2 多功能小屋

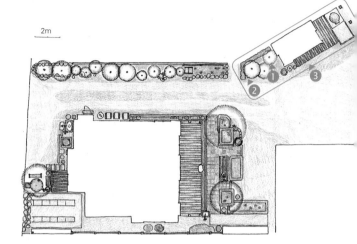

1 盆栽植物

不要将繁殖力强的植株直接地栽而应选择盆栽，同时在盆底铺上板子以防根部外露。

2 野鸟来访

在冬季将食饵放在鸟食台上可引来绣眼鸟等多种野鸟，同时需给鸟食台做出台檐以防止乌鸦来此觅食。

3 多功能小屋

多功能小屋还可作为茶室或冥想室，右侧的砖炉可用来烤制披萨、面包等。

3 前院·背阴处

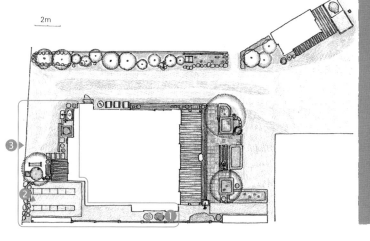

2m

1 竹墙

由木框与竹竿组合而成的竹墙，可在墙根处种植一些耐阴植物。

2 实用收纳间

存放雪地胎时应根据具体尺寸设计隔层，该收纳间还间接起到了院墙的作用。

3 门旁植物

门旁停车场能让车辆在雨天进出时保持干爽，同时在门口处栽种一棵标志树（假山茶），并在树下种上条纹珊瑚木。

4 野草小路

2m

① 巧用三叶草

由于三叶草（白三叶草）是簇生植物，可抑制其他杂草生长。该植物叶形漂亮，还具有与豆类植物相同的固氮作用。

③ 两条车辙

每天进出的车辆压出两条无草车辙成为了庭院中一道独特的风景。同时，可在后门附近设置堆肥箱。

② 可移动盆栽

能随意移动是盆栽植物的一大优势，平时切勿忘记浇水。在右下图中，盆栽蓝莓的红叶也非常漂亮。

春

秋

④ 生态塔

生态塔能为多种生物提供居所，置于塔底的石块、陶罐还能引来各种爬虫。

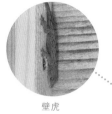

壁虎

⑤ 立体栽种

用石块随意垒成的小花坛，其植株高度由近到远依次递增，整个外观极具立体感。

⑥ 落叶树与常绿树

交错种植于东面的落叶树与常绿树让庭院更富于层次感，同时还能起到围墙的作用。

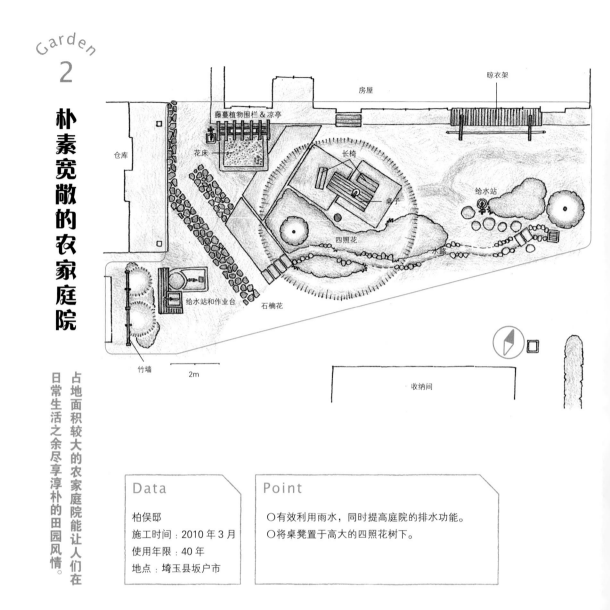

朴素宽敞的农家庭院

占地面积较大的农家庭院能让人们在
日常生活之余尽享淳朴的田园风情。

藤蔓植物围栏&凉亭
花床
仓库
房屋
晾衣架
长椅
给水站
桌子
四照花
水路
给水站和作业台
石楠花
竹墙
2m
收纳间

Data	Point
柏俣邸 施工时间：2010 年 3 月 使用年限：40 年 地点：埼玉县坂户市	○有效利用雨水，同时提高庭院的排水功能。 ○将桌凳置于高大的四照花树下。

树下的休闲时光

　　该庭院原为农用地，空间十分宽敞。很多地方尚存有这种大型庭院，只是打理起来颇费工夫。

　　装修时给庭院建造了一个大型收纳间，在屋檐下安装了集雨装置并设置了外用水管，同时在作为标志树的四照花树下摆放桌椅以便于人们休息。院内草坪能有效缓解雨天的道路泥泞，另设外用卫生间并在门旁立起围屏，檐下连廊免去了出屋晾晒衣服的麻烦。让庭院尽可能保持淳朴的农家风貌，以在生活之余尽享大型庭院的安适时光。

朴素宽敞的农家庭院

四照花树下的桌椅可供人们随时品茶、享用美食，在冬季时此处的光照也十分充足。

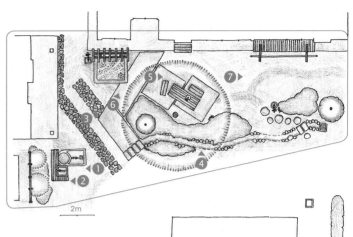

2m

1 菜园作业台

将作业台与给水站合二为一，可在此清洗蔬菜及各种工具。

2 别致的竹墙

作为外用卫生间的挡墙，可在墙外种植一些木槿、绣球花、黑莓、蔷薇等。

3 无杂草甬路

在大门至屋门之间的区域铺设甬路可抑制杂草生长，同时也便于雨天出行。

④ 后廊赏景

从后廊即可望见种有四照花的宽敞主院。

⑥ 遮蔽栅栏

门旁花床会让到访者颇感惊喜，而窗外的栅栏则巧妙遮挡了屋外视线。

⑤ 绿荫桌

既能在此读书、品茶、享用美食，还可进行相关农业劳作。

⑦ 古朴的晾衣架

在后廊的连廊处设置一个与庭院风格相称的木制晾衣架，同时在庭院中央安装雨水管水阀。

近距离的治愈型庭院

连接房屋与庭院的木连廊及花床营造出舒缓的氛围，同时也缩短了人与庭院之间的距离感。

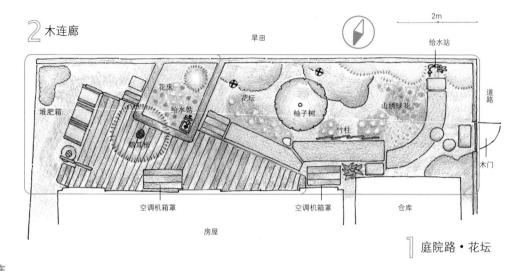

2 木连廊

堆肥箱

花床

给水站

花坛

旱田

2m

给水站

道路

山绣球花

柚子树

越冬柚

竹柱

木门

空调机箱罩

空调机箱罩

仓库

房屋

1 庭院路·花坛

Data

宇田川邸
施工时间：2010 年 10 月
使用年限：10 年
地点：埼玉县所泽市

Point

○在木连廊内种植一棵作为主树的落叶树，同时在木连廊和石墙之间建造花床。
○给室外的空调机箱安上易拆装的结实木罩，并将其做成凳形或桌形。

便捷、轻松、安适的庭院氛围

　　该庭院旨在为那些照顾高龄父母的人士提供了一个能随时放松心情的空间。

　　狭长型的庭院设计便于人们直接通过木连廊来到庭院，同时在木连廊上种一棵标志树。花床式花坛与木连廊直接相连，凳形空调机箱罩也非常实用。同时，在园内铺设小路，并在小路两侧种上花草。

　　每当打开小木门看到白、紫色相间的优雅小花时，就会情不自禁地走上木连廊。原来，这个随时能放松心情的庭院就在自己身边。

连接木连廊与外门的小路两侧尽是明艳的各色花卉。

❶ 木制庭院门

在庭院出入口处安上一扇造型简单的木门，便能将庭院与外界隔开。

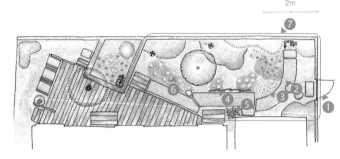

2m

❷ 院内植物

在院路两侧的地植花坛中，绣球花等各季花草争奇斗艳，而栅栏处的木香花也颇为繁茂。

③ 亲切的草坪植物

在花坛与小路之间种上百里
香、麦冬等草坪植物以增添自
然气息。

⑥ 花坛植物

花坛内混种着灌木植物、香草及草花等，其周围种有茴香、
木莓、日日春及欧芹。

④ 竹柱的妙用

在花坛周围围上一圈竹条支柱，有效防止德国甘菊倒伏。

⑦ "甜美"的标志树

两棵标志树之间是一棵常绿柚子树，既能遮挡外部视线
又能让你品尝到甜美的果实。

⑤ 和谐的小景观

给空调机箱做一个木制外罩，其外形与庭院整体风格极
为相称，还可当凳子用。

① 标志树

种于木连廊上的鹅耳枥不仅具有冬暖夏凉的作用，还能让你在秋季尽赏黄叶之美。

2 木连廊

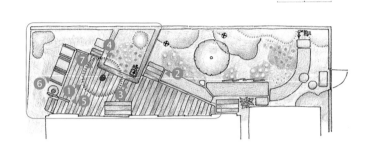

② 便捷的木连廊

使木连廊的高度与房间地面高度基本一致，便于人们随时走入庭院。

③ 花床内水管

在 70cm 高的花床内种上迷迭香、秋海棠等植物，同时在角落处安上水管。

⑤ 无土盆栽

用花盆种植罗勒、薄荷、欧芹等可食用香草不仅便于人们随时采摘，还极具观赏性。

④ 桌形空调机箱罩

木制外罩避免了空调机箱被日光暴晒，同时还兼具桌、凳功能。

⑥ 利用食物垃圾堆肥

堆肥箱仅占用 90cm×180cm 的空间，利用它处理食物垃圾能让室内环境更卫生。

⑦ 融入自然元素

在木连廊上挖出孔洞以种植鹅耳枥。

4

小巧可爱的菜园

将甬路两侧空间打造成菜园，同时设置给水站、长凳和遮蔽物等。

2m

道路

光叶石楠树篱
四照花
柚子树
梅树
金桂
花红千房
给水站
垫脚石
石阶
长凳
停车场
菜园
砖路
原有甬路
垫脚石
库房
木栅栏
盆栽
木连廊
大门
木槿
房屋

Data

M 邸
施工时间：2004 年 8 月
使用年限：30 年
地点：埼玉县入间市

Point

○ 甬路和砖路能避免采摘蔬菜时弄脏鞋子。
○ 在砖路两侧种上蔬菜和其他植物，同时在庭院中央安装一个凳式给水站。

菜园

现在，很多人都希望在庭院内种植一些香草、蔬菜等。

虽然普通住宅的庭院面积有限，但也能开辟出一个小型菜园。用地砖铺路会更便于人们出入菜园，在砖路以外的空地即可种植蔬菜。在庭院中央处设置一个凳式给水站，由于凳子的材质十分结实，可供人们在此休息或进行清洗、移栽等作业。

铁库房外的木栅栏能有效缓解金属制品的僵硬感，缠绕于栅栏上的茉莉又平添了一份自然气息，让整个菜园更富于情趣。

小巧可爱的菜园

在砖路的右侧种植各种植物、左侧种植蔬菜，另外，库房外的木栅栏能有效缓解金属制品带来的僵硬感。

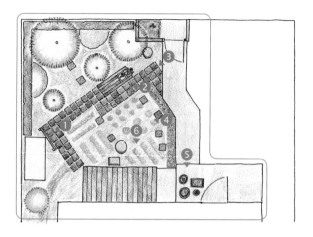

1 遮蔽用木栅栏

用木栅栏遮挡位于庭院路一端的铁库房，繁茂
的茉莉让整体氛围更显柔美。

2 南向植物

凳式给水站下方种有圣诞玫瑰、蕺
菜等多种矮株植物，后方的多花红
千层也十分娇艳。

3 实用性分区

砖路将庭院自然分成了两个区域，可根据具
体用途种植一些花草或蔬菜。

⑤ 装饰用盆栽

用天竺葵、凤仙花、矮牵牛花等时令花卉盆栽装点门前的无土区域。

④ 收获幸福的菜园

庭院内的小菜园能让你收获茄子、西红柿、黄瓜、青椒、紫苏等多种蔬菜。

⑥ 绿色窗帘

在屋前种植苦瓜并在窗前拉上网。一到夏季，这里就会形成一幅天然的绿色窗帘，同时还能让你品尝到鲜美的果实。

用
于
聚
会
的
广
场
式
庭
院

雨水顺着螺旋花坛流下而汇成涓
涓细流，广场般的宽敞空间适于
举办多人聚会。

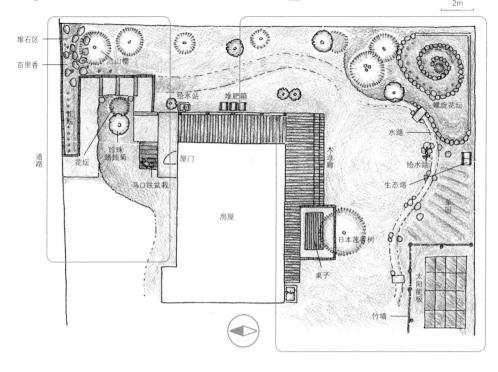

1 堆石区·大门前　　　2 主院

2m

堆石区
百里香
山樱
花坛
珍珠绣线菊
花坛
道路
马口铁盆栽
屋门
碎水站
房屋
堆肥箱
木连廊
桌子
日本莲香树
竹墙
螺旋花坛
水路
给水站
生态塔
菜园
太阳能板

Data

株式会社山之木一级建造师事务所
施工时间：2015 年 5 月
使用年限：4 年
地点：埼玉县东松山市

Point

○ 堆石区既能防止斜坡水土流失，还便于人们在作业
　时落脚。
○ 有了螺旋花坛就可以在有限空间内种植多种植物，
　同时还能提高灌溉效率。

多人共享的可持续式庭院

　　此案例是房屋主人设计的样板房，同时也是他的事务所。为搭配房屋的自然风格，设计师
在建造庭院时着意选择了可持续式设计理念。

　　修建于甬路一侧斜坡上的堆石区既有固土作用又可栽种植物，在庭院一角修建一个螺旋形
大花坛，下雨时，雨水便可通过水路形成小溪。

　　为了便于举办多人聚会，庭院内植物不可过大过密，同时还要定期修剪杂草。在这里，你
便能与好友们共赏春华秋实之美。

用于聚会的广场式庭院

建于甬路一侧缓坡上的堆石区也是主院的入口。

2m

❶ 甬路花坛

在通往大门的缓坡甬路上修建花坛，同时在路边种植百里香以防杂草生长。

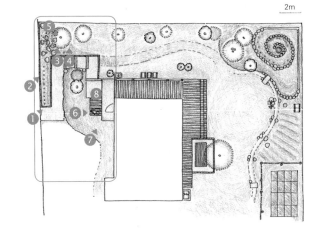

❷ 堆石区

堆石区内植物主要以山樱、枫树为主，同时搭配种植一些不同株高的植物。

❸ 固土用百里香

在堆石庭院里种植百里香可起到固土作用，另外还可种植一些香气宜人的薰衣草、迷迭香等。

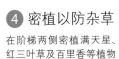

❹ 密植以防杂草

在阶梯两侧密植满天星、红三叶草及百里香等植物以防杂草生长。

⑥ 宿根草的妙处

在门前斜坡种植鼠尾草、小过江藤等宿根草植物，不仅能固土还可防止杂草生长。

⑤ 立体化种植

在朝向房屋一侧的堆石庭院内种植具柄冬青、珍珠绣线菊等高株植物，于是便形成了一道天然影壁墙。

⑧ 马口铁盆栽

在门口摆放几个种有迷你蔷薇和薰衣草的马口铁盆栽，更显清新、雅致。

⑦ 门前亮点

在门前水泥地外围种上紫萼等矮株植物，以增添柔美氛围。

2 主院

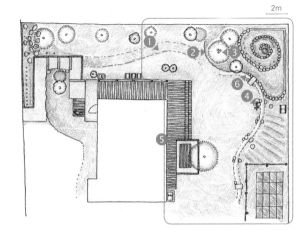

2m

① 蜿蜒小路
连接前院与主院的蜿蜒小路让人们不禁想去一探究竟。

③ 植被岛
在各个角落设置一些植被岛，种植小乔木、灌木及矮株植物，以增加庭院的观赏性。

② 草坪植物
在缓坡处种植百里香、薄荷等草坪植物能防止水土流失。

⑤ 落叶树的妙处

从屋内一眼就能望见作为标志树的日本莲香树，它兼具夏有阴凉、冬有暖阳的作用。

④ 高排水性菜园

建于小高地上的菜园排水性极好，同时在此处设立了给水站，另在菜园外围修建水路以及时排出雨水。

⑥ 螺旋花坛

螺旋花坛能有效提高浇水效率，使水由上至下依次渗透到花坛各处。同时，该花坛的排水性也极佳，能营造出向阳、背阴等多种环境，适于同时栽种不同植物。

让孩子流连忘返的游乐园

泥巴区、沙池、草坪、小溪……

孩子们一定会在这里玩得不亦乐乎。

2m

道路

沙罗树
（假山茶）

水路

桥

鹅耳枥

道路

小山

陶管隧道

沙池

泥巴区

保水斗箱

针叶树

给水站

房屋

Data

NONOHANA 幼儿园

施工时间：2012 年 6 月

使用年限：4 年

地点：东京都日野市

Point

○ 在院内铺设草坪以让孩子们能赤足行走，雨天的小溪、陶管隧道和小山都是孩子们最喜欢的地方。

○ 设置泥巴区供孩子们玩耍，给沙池加上木盖能防止沙土被猫污染。

能让孩子随意玩耍的庭院

作为幼儿园园长的田渊夫妇的确非常喜欢孩子，他们希望孩子们能在自己的庭院中随意赤足玩耍，同时还想设置一处供孩子玩泥巴的区域。

无论是雨天的涓涓细流、翠绿可爱的小山还是陶管隧道，都是孩子们最喜欢的地方。盖在沙池上的结实木盖子既能防止沙土被猫污染又便于孩子站立，同时在院内铺种上草坪，让孩子们能赤足行走。另外，泥巴区上的盖子还可当作工作台。枝繁叶茂的鹅耳枥是庭院的标志树，会在夏季为孩子们撑起一片阴凉。

鹅耳枥能为光照强烈的庭院营造一片阴凉，同时还设置了多处供孩子玩耍的游乐区。

① 可爱的标牌

在 DIY 标牌的对面，孩子们光着小脚丫尽情玩耍。无论是玩泥巴还是玩沙土，他们都显得无拘无束、快乐自在。

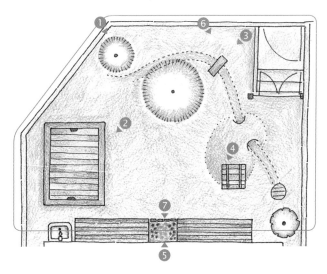

2m

② 附盖沙池

当孩子们不使用沙池时，可在上面盖上木板盖，以防猫污染沙池。

③ 标志树

在园内种植一棵鹅耳枥幼苗，几年之后它就会长成园内的标志树。同时，在树旁开辟一条水路以便及时排出雨水。

④ 泥巴区

附带盖子的泥池，同时还可把盖子翻过来当作玩泥巴的工作台。

⑤ 舒适的草坪

野草坪比朝鲜草坪更具自然气息，适于孩子们赤足行走。

⑦ 艳丽的小花坛

建于庭院空隙处的小花坛，可观赏到三色紫罗兰、矮牵牛等各色时令花卉。

⑥ 园内溪流

每逢下雨，排水沟内就会形成涓涓细流，而隧道上部就成了小山丘，这些景物都让孩子们备感喜爱。

备感惬意的私密庭院

间错排列的4扇木栅栏巧妙遮挡了外部视线，同时让庭院更显自然、幽静。

2m

停车场

木通

柚子树

花坛

堆肥箱

纳凉长凳

方格篱笆墙

停车场

房屋

菜园

道路

方格篱笆墙

无花果树

柿子树

枇杷树

菜园

Data

川俣邸
施工时间：2013 年 6 月
使用年限：2 年
地点：东京都三鹰市

Point

○4 扇间错排列的木栅栏及与房屋垂直的木门能巧妙遮挡外部视线。
○用透水性较好的地砖铺设一条弧形砖路。
○主要种植柿子、枇杷、木通等果树。

毫无压迫感的栅栏围墙

该庭院的主要要求是遮挡外部行人的视线。如果在房屋周围围上一圈高栅栏，不免让人产生压迫感。用 4 扇间错排列的木栅栏作为围墙能增加庭院的纵深感，同时用方格篱笆墙进行衔接。

修建时，可将停车场与方格篱笆墙组合在一起。使木门方向与房屋垂直，以避免客人走入时直接看到住宅外貌。另外，选用透水性好的地砖铺设一条弧形砖路。

园内主要种植柿子、枇杷、木通等果树，还可种植棣棠、连翘等灌木植物。

房屋一侧的庭院空间较为宽敞，可铺设砖路，同时立起木栅栏以遮挡外部视线。另外，院内的小花坛也是主人的匠心之作。

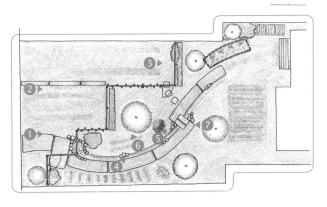

① 4 扇栅栏

将 4 扇木栅栏间错排列组成围墙，以此营造出庭院的纵深感。

② 间错式围墙

间错排列在甬路左侧的 3 扇木栅栏能有效加强通风。

③ 巧用藤蔓植物

缠绕在西面木栅栏上的藤蔓植物（木通）最适于点缀此处。

⑤ 排水沟

沿甬路挖出排水沟，在雨天可形成小溪。

⑦ 栅栏围墙

由屋内向外眺望时会发现，4 扇木栅栏足以遮挡外部视线。

④ 沿路赏景

站在蜿蜒的砖路便可一览整个庭院。由于园内无大型乔木，其空间显得极为开阔。

⑥ 朴素的篱笆墙

利用朴素的方格篱笆墙连接木栅栏，还可在篱笆墙内的菜园种植各种蔬菜。

一个人的秘密花园

2m

河滩

火棘

猕猴桃架

猕猴桃树

梅树

花床

橡树

柿子树 柿子树

长凳

花床

花床

桑树

台阶

猕猴桃树

给水站

房屋一侧

宽敞的庭院能让你在放松时尽享自然之美。听听鸟鸣、吹吹微风，一切都是那么和谐自然。

Data

酒井邸

施工时间：2015 年 4 月

使用年限：8 年

地点：埼玉县日高市

Point

○ 按照一定角度斜铺小路可提升庭院的空间感，同时要及时清理小路周围的杂草。

○ 利用栅栏和大门将庭院与河滩区域隔开。

○ 设置花床与猕猴桃架，并在架下安上长凳。

毗邻河滩的休闲佳所

沿主院的台阶而下便可来到河滩漫步，舒适的微风、清脆的鸟鸣，让人乐而忘返。这是一座适合用来放松、冥想的花园。在不久的将来，住宅附近的河边会修建步行路，所以需在庭院周围设置栅栏以防外人进入，同时给栅栏安上门以便于居住者随时出入。

在猕猴桃架下安装两个对坐型长凳，另外设置两个不同高度的花床以种植蔬菜。铺设从台阶至花床的小路时采用了斜式设计，以确保其必经猕猴桃架。另外，还可用杂草点缀一下有土的区域，以使庭院更富有生气。

在花床内种植毛豆及香草类植物，同时在猕猴桃架下安装两个对坐型长凳。在这里，可一眼望见苍翠、秀丽的河滩。

❶ 纳凉长凳

在庭院中央安装一个附带长凳的猕猴桃架。当猕猴桃叶爬满架子时，这里就成了一处纳凉佳所。

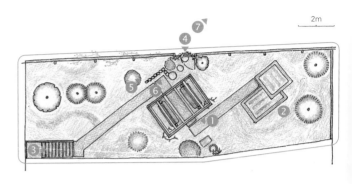

❷ 花床式菜园

在园路一端修建两个花床式菜园，其木制围边便于人们随时坐下休息，菜园内可种植毛豆、香草等植物。

❸ 斜式小路

从主院的台阶即可望见斜式小路，此设计能大幅提升庭院的空间感。

④ 栅栏界墙

从河滩处眺望庭院，安上木栅栏和小木门就能防止外人随意进入。

⑤ 门外景致

在木门上方装饰一个拱形金属框，以使火棘攀附生长。居住者可从院内眺望河滩的美丽景色。

⑥ 巧用天然材料

小路地砖选取了透水性较好的石材，而装饰在小路一侧的天然石块给院内平添一抹生动气息。

⑦ 秀美的河滩

此处流水潺潺，经常有水鸟、野鸟飞过，有时还能听到金袄子（蛤蟆的一种）的美妙歌声。

Garden 9

可循环式无障碍庭院

在通往大门的甬路附近设置了室外炉等设施，以实现各种物质的循环再利用。

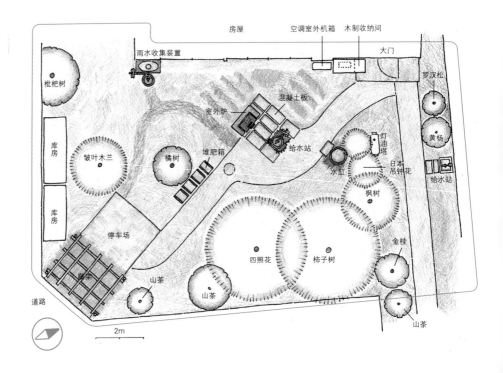

房屋　空调室外机箱　木制收纳间

雨水收集装置

大门

罗汉松

枇杷树

黄杨

皱叶木兰

混凝土板

室外炉

橘树

堆肥箱

给水站

灯油塔

库房

日本吊钟花

水缸

给水站

库房

枫树

停车场

四照花

柿子树

金桂

藤架

山茶

山茶

道路

2m

山茶

Data	Point
K 邸 施工时间：2009 年 8 月 使用年限：6 年 地点：埼玉县琦玉市	○选用透水性好的铺装材料，以实现大门至停车场之间区域的无障碍通行。 ○设置雨水收集装置、给水站、室外炉、水缸、堆肥箱等实现物质的循环再利用。

舒适而惬意的甬路

该庭院的设计理念是使高龄人士从大门至停车场的出行更为便利。选用透水性好的铺装材料铺设道路，能避免雨天导致道路泥泞。同时，在甬路附近分别设置了给水站、室外炉、水缸、堆肥箱等，以实现物质的循环再利用。在房屋附近安装一个不锈钢雨水收集器，还可利用门旁的木制收纳间放置各种工具。

虽然庭院主人没有太多时间来打理庭院，但甬路却能间接避免杂草的过度生长。人们走在这里时，一定能充分感受到浓郁的自然气息。

在停车场通向大门的甬路两边，杂草生长得十分繁茂，同时沿路设置了堆肥箱、室外炉、给水站及木制收纳间等。

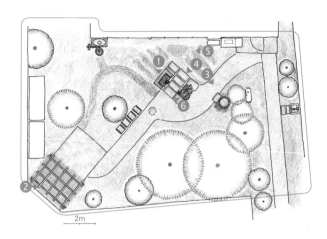

① 标志树

从屋内向庭院望去，即可看见室外炉对面的两棵标志树——柿子树和四照花树。

② 清凉的树荫

在停车场上方搭上棚架，并在周围种上酸橙、柿子、四照花等，这里便成了一处乘凉佳所。

③ 日本吊钟花

种植于大门前的日本吊钟花能在四季分别呈现出绿叶、白花、红叶及落叶之美，而置于树下的水缸更添一丝清爽感。

4 便利的给水站

在庭院中央处设立给水站，两个水阀中的一个为软管专用，以便于进行灌溉。

6 方便的室外炉

在冬季作业时可利用室外炉烤火、烧水，同时还可烧制草木灰。

5 种菜的乐趣

可在庭院一角种植黄瓜，还可利用食物垃圾堆肥种植一些南瓜和迷你番茄等。

生态塔

生态塔能营造出适于多种生物共存的环境，同时还能在塔底的陶管和石缝处看到青蛙和蜥蜴。

　　德国的生物集群园艺技术提出过"昆虫乐园"的概念，我在此启发下想到要修建一种适合狭长庭院的"生态塔"。按照由上至下的顺序，塔檐下的第一层开放空间是胡蜂巢；第二层的百叶窗式空间是壁虎的栖息处；第三层的密排细竹筒是地蜂的产卵地，同时还有一些用于喂食幼虫的青虫；第四层的密排树枝用于让甲虫越冬。另外，在塔底放置一些石块和陶管，可作为蜥蜴和青蛙的栖息处。如能营造出适于多种生物共存的环境，便可间接抑制大规模病虫害的爆发。

Part 3

有机园艺中的植物

种植

介绍一些适于采用有机园艺培养的树木及花草，通过了解这些植物的特征和具体的栽培方法，会让你在进行有机园艺时更加得心应手。

"树木图鉴"及"草花图鉴"的分项内容

乔木・小乔木 —— A

E

B 鹅耳枥

C 桦木科

落叶树 D

F

[特征]
落叶型乔木，常见于山区、杂木林及村落中，近年常用作庭院树。其叶片颇具清爽感，无论嫩叶还是黄叶都极为漂亮。另外，还有"红栌木"和"日本鹅耳枥"等品种，都是目前极受欢迎的庭院树种。

[栽培方法]
对土壤无特殊要求，较喜微湿土壤。树木生长较快，枝叶长势旺盛，可不定期剪枝。每年剪枝能有效控制树高，剪枝时应从枝根处剪去过长枝条。

[树高] 3m（15～20m）   [花色] 黄褐色（雄花）、淡绿色（雌花）
[花期] 4～5月   [用途] 标志树、绿荫树
[剪枝时间] 2～3月、7～8月   G

一年生草花 —— A

E

B 甘菊（德国甘菊）

C 菊科

F

[特征]
常于春季盛开白色小花，其花朵可作为香草。除了一年生的德国甘菊之外，还有多年生的罗马甘菊。德国甘菊能通过天然播种增殖，可每年开花。

[栽培方法]
较喜日照充足的环境，耐暑性较差，应选择夏季有树荫处种植。备土时应充分保证土壤的排水性和保水性，然后再播种。

[株高] 30～60cm   [花色] 白色
[花期] 4～6月   [播种时间] 9～10月中旬   G

A 植物类型
根据树高将树木分为乔木、小乔木、灌木、藤蔓；将草花分为一年生草花和多年生草花。

B 植物名
均以常用名或商品名表示，如有别名会在括号内标出。

C 科名
植物分类学中的科名。

D 落叶树及常绿树
落叶型树木为落叶树，四季常绿的树木为常绿树。

E 特征
植物的特性。

F 栽培方法
栽种植物过程中的注意事项。

G
[树高・株高] 庭院种植时的生长高度，同时在括号内标出乔木、小乔木及灌木的自然生长高度。
[花期] 具体指开花时间，因地域、环境及年份不同而略有差异。
[花色] 开花植物的花朵颜色。
[用途（仅限树木图鉴）] 具体有围墙树、标志树、添景树（衬托园景）、绿荫树（形成树荫）、固根树（种于树根处）等多种用途。
[剪枝时间（仅限树木图鉴）] 具体指适于植物的剪枝时间。
[播种・播种时间（仅限草花图鉴）] 具体指适于植物的播种及播种时间。

树木与草花

树木是庭院的风骨，草花是四季的使者

　　庭院内的常用植物分为"树木"和"草花"两大类，两者的最大区别就是枝干。树干会随着树木生长而逐渐变粗变硬，而草花的地上部分则容易枯萎，其枝干（茎）也较为纤弱。

　　在进行庭院种植时，首先应确定树木位置，然后再选择搭配草花。

　　树木是庭院的风骨，能提升纵向空间感，因此要在充分考虑庭院整体布局的基础上决定树木数量，然后搭配种植一些具有季节感的草花植物。种植草花与树木不同，能让人充分体会到移栽的乐趣。

树木与草花的特征

树木

大多数树木都高于草花植物。按用途可分为"标志树"（庭院的主角）、"添景树"（点缀庭院）和"绿荫树"（形成树荫）等。

草花

因其株高较矮，所以单株植物的存在感较弱。通过促进植株长势或多株种植以增添庭院的华美气息。同时，不同季节的花卉、绿叶还能让庭院景致更富于变化。

落叶树与常绿树

落叶树带来冬季暖阳，常绿树是雅致的围墙

根据叶片形状，将宽叶树木称为"阔叶树"，将针形叶树木称为"针叶树"。

另外，将冬季落叶的树木称为"落叶树"，将四季都生有叶片的树木称为"常绿树"。一般而言，落叶树较适于生长在寒带地区，常绿树适于生长在温带地区。大多数针叶树都是常绿树，且常见于寒带地区。

落叶树能营造出夏阴、冬暖的环境，可根据具体情况选择最佳的种植场所。常绿树能遮挡外部视线，将其种在窗户延长线一侧可起到围墙的作用。

落叶树与常绿树的特征

落叶树

在春季时枝繁叶茂，在夏季形成绿荫，在秋季尽显秋叶之美，在冬季让庭院充分沐浴阳光。落叶树不仅能使庭院富于季节性变化，其落叶还有多种用途。

冷杉

常绿树

四季常青，常于春季长出新叶。常绿树的枝叶在冬季依旧繁茂，因此常被用作树墙或挡风墙，同时能让人们在冬季欣赏到葱茏绿意。多数针叶树都是常绿树。

六月莓

一年生草花与多年生草花

因材种植

　　草花植物的生长周期短于树木，一般分为需要每年移栽和无须移栽这两种类型。

　　总体而言，将生长期为一年（从播种到开花）的草花植物称为"一年生草花"。该类草花品种极为丰富，种植不同时令的品种能赋予庭院季节性美感。

　　另外，将生长期为两年以上（地上部植株枯萎后可于第二年继续生长）的草花植物称为"多年生草花"。该类草花无须移栽，可长期观赏，尤其是第二年重新长出的植株极具自然美感。

一年生草花与多年生草花的特征

一年生草花

花色丰富、花形华丽的品种不在少数，需要每年购置花苗与进行栽苗，可根据季节变换不同品种，适于种植在花坛或其他便于观赏的场所。

多年生草花

即使地上部植株枯萎，也能在第二年继续生长。从栽苗后的第二年起便无须人工打理，其植株形态极为自然。如果植株生长范围过大，可适当拔除部分植株。

树木与草花的相关知识 4

耐阴性

珍贵的耐阴植物

大多数植物都喜欢日照充足的环境。不过，在自然环境中，能生长于树荫下的植物也不在少数。

由于这类植物的耐阴性较强，可种植在树荫下或是庭院北面等低日照场所。具体而言，耐阴性树木包括绣球花、映山红等；耐阴性草花包括紫萼、圣诞玫瑰等。

耐阴性强的植物并不多，可谓是点缀背阴处的瑰宝。通过组合种植不同叶色的植物，也能赋予背阴环境以色彩感。

耐阴性植物的特征

映山红

树木

走进森林就会发现，高大的乔木下会形成一片天然树荫，而生长在此环境中的树木大多不太高。设计庭院时，可用耐阴性树木装点庭院的北面和树荫。

紫萼

草花

在耐阴性草花中，也有圣诞玫瑰、大吴风草等花色较为艳丽的品种，但大多数耐阴性草花的花色都比较素雅。种植时，还可选择紫萼这种彩叶植物。

树木是构成庭院风骨的重要景观要素，它除了能决定庭院的外形，还能营造树荫、引来鸟虫，将人与其他生物紧密联系在一起。

根据不同的树高，分为乔木、小乔木及灌木。如果以成树的树高为基准，乔木的树高为 5m 以上，小乔木的树高为 2~5m，灌木的树高为 3m 以下。此外，还有藤蔓类树木。

由于乔木在自然环境中通常能长到数十米，所以庭院种植时须定期剪枝以充分抑制其高度。

乔木 · 小乔木

鹅耳枥 落叶树
桦木科

[特征]

落叶型乔木，常见于山区、杂木林及村落中，近年常用作庭院树。其叶片颇具清爽感，无论嫩叶还是黄叶都极为漂亮。另外，还有"红柳木""日本鹅耳枥"等品种，都是目前极受欢迎的庭院树种，该树又被称为"Solo 树"。

[树高]3m（15 ~ 20m）
[花期]4—5 月

[栽培方法]

对土壤无特殊要求，较喜微湿土壤。树木生长较快，枝叶长势旺盛，可不定期剪枝。每年剪枝能有效控制树高，剪枝时应从枝根处剪去过长枝条。

[花色] 黄褐色（雄花）、淡绿色（雌花）
[用途] 标志树、绿荫树
[剪枝时间]2—3 月、7—8 月

伊吕波红叶 落叶树
槭树科

[特征]

落叶型乔木或小乔木，常见于山野河岸，无论是春季绿叶还是秋季红叶都非常漂亮。叶形为 5~7 叶尖的裂叶，其特有的纤细枝条极为柔美。该树是庭院树的代表树种，有很多园艺品种。

[树高]3 ~ 4m（5 ~ 20m）
[花期]4—5 月

[栽培方法]

较喜湿润土壤。因其枝叶生长较快，需在树冠较小时从枝根处剪去过长枝条，同时还需每年剪枝以控制树高。

[花色] 暗红色
[用途] 标志树、添景树
[剪枝时间]11—12 月

野茉莉

野茉莉科　落叶树

[特征]

落叶型小乔木，广泛生长于北海道日高地区至冲绳的杂木林及山地，同时还可种植于公园等场所。因其树形自然，常用作添景树，初夏时缀满白色小花的枝条更显柔美。另外还有粉花品种。

[树高]3m（7～15m）
[花期]5—6月

[栽培方法]

可生长于半背阴环境，因其耐旱性较差，应于树根部栽种花草以防干燥。树形规整，不适于多次剪枝。如需剪枝时，应于权根处剪去多余枝条。

[花色]白色、粉色
[用途]添景树、绿荫树
[剪枝时间]2—3月、7—8月

柿树 落叶树

柿科

[特征]

落叶型乔木，作为庭院果树有着悠久的栽培历史，能呈现出绿叶、红叶等多种风貌，同时还能结果。由于寒地种植很难去除柿子的涩味，所以寒地较适合栽种涩柿。柿树约有超过1000个品种。果实的成熟期一般为10—11月。

[树高]3m（5～10m）
[花期]6月

[栽培方法]

对土壤无特殊要求。由于已结实枝条不会在第二年结实，应及时从权根处剪断。柿树较易长高，应及时剪枝以控制树高，对于果实型柿树而言，其树高应控制在2m以内。

[花色]浅黄色
[用途]标志树、绿荫树
[剪枝时间]12月—次年2月

桂树 落叶树

木樨科

[特征]

落叶型乔木，广泛生长于北海道至九州的山谷地带，是常见的公园树。树形自然、优美，其特有的心形叶片十分可爱，叶片变黄后散发的焦糖香气也非常诱人。

[树高]3～4m（30m）
[花期]3—5月

[栽培方法]

常沿山谷地带生长，较喜湿润肥沃的土壤。树形较为规整，一旦发现长枝等多余枝条，可从权根处剪断。由于该树较易长高，应每年剪枝以控制树高。

[花色]浅红色
[用途]标志树、绿荫树
[剪枝时间]12月—次年2月

六月莓
蔷薇科

[特征]
原产于北美的落叶型小乔木。在 4—5 月还未长叶时，枝端就已开满白色花朵，其红色果实常于 6 月成熟，因此得名"六月莓"。果实甘甜、可生食，是鸟儿们的最爱。

[树高] 3m（5 ~ 8m）
[花期] 4—5 月

[栽培方法]
植株结实，极易种植，可生长在向阳或半背阴环境中。树形较为规整，一旦发现长枝或交差枝，应从权根处剪断。一般于 7 月进行整体剪枝后，便可于第二年开花。

[花色] 白色
[用途] 标志树、添景树
[剪枝时间] 12 月—次年 2 月、7 月

山茶
山茶科

[特征]
常绿型小乔木或乔木，生长在本州以西沿海及山地地区。叶片厚实、叶色鲜艳且有光泽。所谓的"山茶"一般指"丛山茶"。山茶品种较多，不同花色、花形的品种也被不断培育出来。

[树高] 2m（5 ~ 6m）
[花期] 11 月—次年 4 月

[栽培方法]
如果光照不足会影响其开花数量。山茶生长较慢且树形规整，如发现绞枝可从权根处剪断。在花期过后剪枝，便可使植株在第二年依旧开花。

[花色] 红色等
[用途] 标志树、添景树、树墙
[剪枝时间] 4 月

四照花
山茱萸科

[特征]
日本大正时代（1912—1926 年）初期自美国引入日本的落叶型小乔木，常用于公园树及街道树。花朵常于叶片长出前或长出时开放，其形似花瓣的"总苞片"是由包花叶片变化而来。

[树高] 3m（4 ~ 7m）
[花期] 4—5 月

[栽培方法]
耐寒性较强，喜欢肥沃土壤。因其短枝较易开花，应在 5 月剪去粗枝以增殖细枝。枝条极易发芽，长期不修剪会使植株长得过高，因此应及时剪枝以控制树高。

[花色] 红色、白色、粉色
[用途] 标志树、添景树
[剪枝时间] 1—2 月、5 月

绣球花
虎耳草科

[特征]
落叶型灌木，有较多的园艺品种，其中包括日本原生品种。花色会在梅雨季时呈现出绿—蓝紫—粉色的变化。另外，经欧洲改良的西洋绣球花和产自北美的裂叶型栎叶绣球花也很受欢迎。

[树高] 1m (1 ~ 2m)
[花期] 6—7 月

[栽培方法]
较喜半背阴的湿润环境。在花期过后剪枝能促进枝端长出花芽，如果剪去去年修剪过的枝条，明年就会长出同样大小的枝条。

[花色] 蓝紫色、粉色、白色
[用途] 添景树、固根树
[剪枝时间] 3 月、6—7 月

白棣棠
蔷薇科

[特征]
落叶型灌木，常于春季盛开 4 瓣白花，其外形与棣棠十分相似。常见于山地，也可种植在公园。由于棣棠与白棣棠均为白花，极易混淆。其中，棣棠为 5 瓣花，而白棣棠则为 4 瓣花，而且后者属于白棣棠属。

[树高] 0.5m (1 ~ 2m)
[花期] 4—5 月

[栽培方法]
可生长在向阳或半背阴环境中。如果枝太过繁茂可从根部剪枝，以保证其通风性。每隔 3—4 年在冬季进行一次根部剪枝，以更新枝条。

[花色] 白色
[用途] 添景树、固根树
[剪枝时间] 12 月—次年 2 月

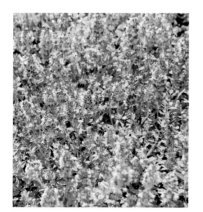

百里香
唇形科

[特征]
常绿型灌木，小叶香草类植物，常用作草坪植物。所谓 "百里香" 即指原产于欧洲南部的普通百里香。每到初夏，就会开出覆盖整个植株的粉色花朵。

[树高] 15 ~ 20cm (15 ~ 20cm)
[花期] 5—6 月

[栽培方法]
喜日照，也可生长于背阴处。植株生长旺盛，常于根部分出多个细枝。枝叶过密会影响植株的透气性，应于花期过后及时修枝以加强通风。

[花色] 粉色
[用途] 草坪植物
[剪枝时间] 7 月

日本吊钟花
杜鹃花科

[特征]
落叶型灌木，在春季长叶时开出白色小花，秋季的红叶也非常漂亮。适当修剪后可用作树墙，也可在公园种植。其近缘品种包括红吊钟花及深红色的虾虎吊钟花等。

[栽培方法]
较喜湿润土壤，易分枝，用作树墙时可经常修剪。由于枝条在发芽后会伸长，可于花期后剪枝以修整树形。冬季剪枝时切勿过度。

[树高] 0.5 ~ 1m（1 ~ 2m）
[花期] 4—5 月

[花色] 白色
[用途] 添景树、树墙
[剪枝时间] 12 月—次年 1 月、5—6 月

南天竹
小檗科

[特征]
常绿型灌木，常于梅雨季盛开白色小花。其红色果实一般于 10—11 月成熟，果实有毒不可食用，但可以用作药材，也是野鸟最爱的食物。该树常于根部伸出多根枝条，其枝端长有叶片。另外，还有白色果实的白南天竹。

[栽培方法]
较喜通风好的背阴或半背阴湿润环境。发芽能力强，可于初夏从根部剪去过长枝及老枝。由于已结实枝条不会在第二年开花，应于冬季剪枝。

[树高] 1m（1.5 ~ 3m）
[花期] 5—6 月

[花色] 白色
[用途] 树墙、固根树
[剪枝时间] 1—2 月、5—6 月

蓝莓
杜鹃花科

[特征]
花朵白中带粉，果实于 6—9 月成熟。其品种丰富，一般有 High bush、Rabbit eye 两个品系。不过，这两个品系都无法自花授粉，必须同时种植同一品系的不同品种。

[栽培方法]
较喜透水性好的酸性土壤。于初夏修剪过长枝时，需保留 20cm 枝长。一般于冬季修剪根部的绞枝，修剪带花芽的枝条时需保留适当枝长，修剪长枝时应从枝端剪去 1/3 枝长。

[花色] 白色（浅粉色）
[用途] 添景树
[剪枝时间] 12 月—次年 2 月、6 月

八角金盘
五加科

[特征]

常绿型灌木，其特有的掌型裂叶十分漂亮。常于冬季开出白花，并于第二年5月结出黑色果实。因其耐寒性较强，适于种在树下或北向环境以装点冬季庭院。另外，还有乳白色叶脉的品种。

[树高] 1m（1～3m）
[花期] 11—12月

[栽培方法]

较喜湿度适当的背阴或半背阴环境。树形规整，一般无须剪枝。如发现老枝或过长枝，可于初夏从根部剪枝。

[花色] 白色
[用途] 添景树
[剪枝时间] 6月

珍珠绣线菊
蔷薇科

[特征]

落叶型灌木，叶形似柳叶，挂满枝头的小花纯白如雪。细枝分枝后，枝端自然低垂，十分雅致。该树的耐暑性及耐寒性较强，可种植于公园等处。另外，还有浅粉色花的品种。

[树高] 0.5～1m（1～2m）
[花期] 2—4月

[栽培方法]

较喜光照充足的环境。因其枝条长势旺盛，应及时从权根处剪去老枝及败枝。应每隔几年于花期后从根部切去原有植株以进行植株更新。

[花色] 白色
[用途] 添景树、固根树
[剪枝时间] 12月—次年1月、4—5月

迷迭香
唇形科

[特征]

常绿型香草类灌木，因其枝叶有香气，常用作烹饪肉食的香料。包括立枝和横枝两种类型，其紫色花朵能长期开放。另外，还有不同花色及叶形的多个品种。

[树高] 0.5～1.5m（15～20m）
[花期] 7月—次年4月

[栽培方法]

较喜干燥环境，适于种在通风良好的向阳处。一旦发现绞枝，应及时从权根处剪枝以改善其通风性。另外，使用枝叶时需适量摘取。

[花色] 紫色等
[用途] 添景树
[剪枝时间] 5—8月

常 春 藤 类　常绿树
五加科

[特征]

常绿型藤蔓植物，于明治（1868—1912年）末期引入日本，常用于装饰墙面、栅栏，还可用作草坪植物。叶片多生有3～5个裂叶，还有很多不同叶色、叶形的品种。另外，常春藤也被称为 Hedera。

[树高] **10m 以上（包括蔓枝长度）**
[花期] **10—11 月**

[栽培方法]

植株结实，较易种植，对光照及土壤无特殊要求。因植株生长旺盛，勿使枝叶过度伸展。如发现枝叶过于繁茂，应从枞根处剪枝以改善通风。

[花色] **淡绿色**
[用途] **装饰栅栏、草坪植物**
[剪枝时间] **3 月、6—7 月**

木 通　落叶树
木通科

[特征]

落叶型藤蔓植物，常见于山野中。其特有的掌形小叶及生于叶柄基部的浅紫色小花十分可爱。雌花较大而雄花较小，果实于秋季成熟且成熟时会裂开，果实可食用。另外，还有生有3片小叶的三叶木通。

[树高] **3～5m（包括蔓枝长度）**
[花期] **4—5 月**

[栽培方法]

较喜日照充足的环境。可于冬季将枝条缠绕在棚架、栅栏上，同时剪去败枝及绞枝。剪枝时应从枞根处剪断，以防夏季枝叶过度繁茂。

[花色] **浅紫色**
[用途] **装饰栅栏、棚架**
[剪枝时间] **2—3 月、6—7 月**

亚 洲 络 石　常绿树
夹竹桃科

[特征]

常绿型藤蔓植物，生长于本州至九州的山林地区。常用于装饰公园等处的拱门及栅栏。花朵在开放过程中会逐渐由白变黄，且花香怡人。另外，还有生有白色嫩叶的白络石。

[树高] **3～10m（包括蔓枝长度）**
[花期] **5—6 月**

[栽培方法]

较喜湿润土壤及向阳环境。植株生长旺盛，蔓枝极易伸展，地表长出1~2根蔓枝后即可长成植株。可于冬季从枞根处剪去绞枝，以改善通风。

[花色] **白色**
[用途] **装饰栅栏**
[剪枝时间] **12 月—次年 2 月**

羽衣茉莉
木犀科

[特征]

常绿型藤蔓植物，原产于中国南方地区。常于春季开出白色花朵，且花香甘甜。该植物的花苞为粉色，叶片常青。另外，还有乳白色叶边的园艺品种。植株耐寒性较强，在温暖地区或平原地区种植时，能在室外越冬。

[树高] 1 ~ 3m（包括蔓枝长度）
[花期] 3—4 月

[栽培方法]

较喜日照充足的环境。植株生长旺盛，因其蔓枝易缠绞，应于花期后的 5 月及时剪枝以使植株在第二年开花。同时，需在 1 月对乱枝进行适当修整。

[花色] 白色
[用途] 用于装饰栅栏、拱门
[剪枝时间] 1 月、5 月

黑莓
蔷薇科

[特征]

落叶型藤蔓植物，原产于欧洲及北美地区。常于 5 月开白花，果实会由红逐渐变黑并于 6—7 月成熟。根据植株特点，分为立生型和侧生型品种。另外，还有枝条无刺的品种。

[树高] 1.5 ~ 3m（包括蔓枝长度）
[花期] 5 月

[栽培方法]

较喜日照充足的环境，耐寒性较强。因已结实枝条会枯萎，应于冬季从地表处剪去枯枝，同时留下未枯萎枝条。初夏剪枝时，可保留 30cm 左右的新枝。

[花色] 白色
[用途] 装饰栅栏
[剪枝时间] 12 月—次年 2 月、6 月

木香花
蔷薇科

[特征]

常绿型半藤蔓植物，花朵为白色，花期早于其他蔷薇科植物。在温暖地区种植时，植株可以四季常青。植株枝条弯垂且无尖刺，相比其他藤蔓蔷薇更易打理。另外，还有开黄花的黄木香花。

[树高] 4m（包括蔓枝长度）
[花期] 4 月

[栽培方法]

较喜日照充足、土壤肥沃的环境。可于冬季从权根处剪去老枝，并将保留枝条缠绕在栅栏等景观上。同时，在花期后剪去过长枝条以防植株过度伸展。

[花色] 白色
[用途] 装饰栅栏、拱门
[剪枝时间] 12 月—次年 2 月、5—8 月

Part 3 有机园艺中的植物种植

树木图鉴 藤蔓植物

草花图鉴

草花是装点庭院、营造季节美感的重要元素，因其便于移栽、换栽，所以也是园艺的主角。

草花分为一年生草花植物与多年生草花植物，大多数草花植物在生长一年之后，地上部植株都会枯萎，所以植株很难长大。不过，如果草花的生长范围逐年扩展，应及时拔除多余植株或进行分株。

另外，草花中还有一种贴地生长且长势茂盛的植物，即"草坪植物"。由于该植物能覆盖地表，具有保温及防止水土流失的作用。

一 年 生 草 花

甘菊（德国甘菊）
菊科

[特征]
常于春季盛开白色小花，其花朵可用作香草。除了一年生的德国甘菊之外，还有多年生的罗马甘菊。德国甘菊通过天然播种增殖，可每年开花。

[栽培方法]
较喜日照充足的环境，耐暑性较差，应选择夏季有树荫处种植。备土时应充分保证土壤的排水性和保水性，然后再播种。

[株高] 30 ~ 60cm
[花期] 4—6月

[花色] 白色
[播种时间] 9—10月中旬

大 波 斯 菊
菊科

[特征]
在纤细花茎和花叶映衬下的粉色花朵十分可爱。该花虽外表纤弱，植株却十分结实，可通过天然播种不断增殖。除了白色、黄色、橙色等不同花色的品种外，还有早开型品种等。

[栽培方法]
较喜日照充足、透水性好的环境。因其耐旱性较强，庭院种植时无须频繁浇水。由于植株会逐年扩展生长范围，可适时拔除部分植株。

[株高] 40 ~ 110cm
[花期] 7—11月

[花色] 粉色、白色、橙色等
[播种时间] 5—7月

三色堇
堇菜科

[特征]

一年生草花，因其花期从深秋直至初夏，所以很受欢迎。一般将其近缘品种及花形小于三色紫罗兰的品种称为"三色堇"。该植物花色丰富，除了常见的紫色、黄色品种外，每年都会培育出新花色品种。

[株高] 10～20cm
[花期] 10 月—次年 5 月

[栽培方法]

较喜日照充足且透水性好的环境。购买花苗时，应选择花苞较多的植株。另外，及时摘除残花也能延长花期。

[花色] 紫色、黄色、粉色、白色等
[栽苗时间] 10 月—次年 2 月

金盏花
菊科

[特征]

该植株花期较长，其橙色花朵能从春季一直开至深秋。品种丰富，除了黄色、白色品种，还有密瓣型品种。近年，金盏花除了用于观赏，还可种于家庭菜园中以预防线虫。

[株高] 15～90cm
[花期] 5—11 月

[栽培方法]

较喜日照充足且透水性好的环境，对土壤无特殊要求。适时摘除残花能延长花期。如能在夏末剪株并使其株高为原来的一半，即可让植株在秋季开花。

[花色] 橙色、黄色、白色等
[播种时间] 4—8 月

矢车菊
菊科

[特征]

因其蓝色花朵酷似风车而得名，另外还有其他花色的品种。该植物栽培历史悠久，又名"矢车草"。植株结实，几乎无须人工打理，可通过天然播种增殖。

[株高] 30～100cm
[花期] 4—6 月

[栽培方法]

较喜日照充足且透水性好的环境。因其通过天然播种增殖，需注意植株是否出现过湿或缺水的情况。另外，应适时拔除多余植株以防止其分布过广。

[花色] 蓝色、白色、粉色、深紫色
[播种时间] 9—10 月

紫萼
百合科

[特征]

属于观叶植物,其叶形较大,长势茂盛,颇具存在感,常用于装点半背阴环境。花朵于6—7月开放,十分美丽。栽培历史可追溯至江户时代(1603—1867年),现有不同叶形、叶色的多个品种。该植物又名"Hosuta"。

[栽培方法]

较喜无夕照的半背阴湿润环境。尤其不能将生有浅色条纹叶片的品种置于强日照环境中,否则阳光会灼伤叶片。

[株高] 30 ~ 50cm
[花期] 6—9月

[花色] 浅紫色、白色
[栽苗时间] 10—11月、3月

圣诞玫瑰
毛茛科

[特征]

花期从冬季直至春季,可谓是少花时节的珍贵花材。花冠开放时呈低垂状,还有很多不同花色的品种。另外,该植株的掌形裂叶也极具观赏性。

[栽培方法]

较喜树荫等半背阴湿润环境。由于花期过后花中会结出种子,应及时从花茎根部摘除残花以促进植株生长。同时,还需及时拔除枯叶。

[株高] 30 ~ 60cm
[花期] 2—4月

[花色] 粉色、红色、白色、绿色、深紫色等
[栽苗时间] 10月—次年3月

锦紫苏
唇形科

[特征]

在原产地为多年生草本植物,但因其在日本冬季种植时会枯萎,因此常用作一年生草本植物。叶色丰富,有黄、绿、暗红等多种颜色,是常见的观叶植物。一般于6—10月开出酷似紫苏的紫色花朵。

[栽培方法]

较喜日照充足且通风较好的环境,但强日照会引起叶片褪色,所以应选择盛夏时的半背阴环境种植。同时,应及时摘除花朵以保持叶色鲜亮。

[株高] 30 ~ 80cm
[花期] 6—10月

[叶色] 黄色、绿色、暗红色、粉色等
[栽苗时间] 5—6月

洋地黄

玄参科

[特征]

在长约 1m 的花茎端部生有穗状排列的铃形花朵，其花色丰富，又名 "Fox Globe（狐狸灯罩）"。该植物原为多年生草本植物（宿根草），但在温暖地区种植时，植株常在夏季枯萎。

[栽培方法]

较喜日照充足且透水性较好的环境，但不适于夏季阳光直射，所以应选择夏季呈半背阴的环境种植。花期结束后应及时剪去花茎，以促使植株二次开花。

[株高] 60 ~ 100cm
[花期] 5—7 月

[花色] 白色、粉色、紫色等
[栽苗时间] 11 月

秋牡丹

毛茛科

[特征]

自中国古代引入的品种，常于秋季开花，现在常见的栽培品种多为欧洲培育的品种。盛开于细茎的白色、粉色花朵极为柔美，另外还有重瓣型及矮株型品种。

[栽培方法]

较喜日照充足的环境，但也可栽培于半背阴环境中。因其不喜夏季强光照射，应选择夏季呈半背阴的环境种植。花期过后应及时从茎根部剪枝，以维持植株长势。

[株高] 60 ~ 100cm
[花期] 9—11 月

[花色] 白色、粉色
[栽苗时间] 3—5 月、9—10 月

紫兰

兰科

[特征]

生于长茎顶部的紫色花朵十分雅致，因其叶片线条明快、叶形优美，也可用作观叶植物。长年种植能不断增殖植株。另外，还有白花及白纹叶片的品种。

[栽培方法]

可种于向阳处，但最好选择无夕照的半背阴湿润环境。该植株一经种植即可自然生长，几乎无须人工打理。如发现植株增殖过多，应及时分株。

[株高] 30 ~ 60cm
[花期] 5—7 月

[花色] 紫色、白色
[栽苗时间] 3—4 月、10—11 月

大吴风草
菊科

[特征]

多年生草花，自古就常用作庭院种植，耐旱性及耐阴性较强，能生长于北面或建筑物的半背阴环境。其浓绿叶片富有光泽，也有叶片带花纹的品种。该植物花茎较长，花朵为黄色。

[株高] 30～40cm
[花期] 10—11月

[栽培方法]

较喜透水性好的环境，由于直射日光会灼伤叶片，所以应种于半背阴环境。植株长势旺盛，如种植数年后植株分布过广，应及时分株。

[花色] 黄色
[栽苗时间] 4—5月、9—10月

石竹
石竹科

[特征]

将石竹类近缘植物统称为"Dianthus（石竹类植物）"。目前已培育出多个不同花色的品种，其中以锯齿瓣边的品种居多。左图为河原石竹，是日本秋之七草之一。

[株高] 10～60cm
[花期] 4—6月

[栽培方法]

较喜日照充足且透水性好的环境。花期过后及时摘除残花能促进植株开花。一旦出现绞枝会影响植株通风性，应酌情控制植株数量。

[花色] 粉色、红色、白色、黄色
[栽苗时间] 3—5月、9—10月

知风草
禾本科

[特征]

原产于日本的多年生观叶植物。植株长势旺盛，随风摇曳的细长叶片颇具凉意。该植株的花朵会与叶片一同变成金黄色。另外，还有黄叶带绿纹的品种。

[株高] 50～70cm
[花期] 8—10月

[栽培方法]

较喜透水性好的环境，由于强日照会引起叶片褪色，应种于半背阴环境。而且，一旦叶片过密就会枯黄，应及时从权根处剪去绞叶。

[花色] 白色
[栽苗时间] 3—4月

锦葵
葵科

[特征]
常见的多年生香草类植物。于初夏盛开的粉花会逐渐变成深紫，其花朵还可用作香草茶，当加入柠檬汁后花色会由蓝变粉。所谓的"锦葵"一般指左图的普通锦葵。

[栽培方法]
较喜日照充足且透水性好的环境。在春季或秋季播种时，应保留40～100cm的间距。如发现叶片过密，应摘除部分叶片以保持其通风性。另外，让叶片接受光照能促进植株开花。

[株高] 100 ～ 150cm
[花期] 4—6 月

[花色] 深紫色、粉色
[播种时间] 3 月、9 月

葡萄风信子
百合科

[特征]
密生于花茎顶部的紫色铃形小花十分可爱，因其花穗形似葡萄而得名。该植株常用于装点春季花坛，还有蓝色、白色等品种。

[栽培方法]
较喜日照充足且透水性好的环境。植株结实，几乎无须人工打理，庭院种植时无须浇水、施肥。由于植株会逐年增多，可适当分株。

[株高] 10 ～ 30cm
[花期] 4—5 月

[花色] 紫色、蓝色、白色
[栽苗时间] 10—12 月中旬

野草莓
蔷薇科

[特征]
野生种草莓，特有的三片叶、小花及果实极具特色。被称为 Runner 的花茎葡匐地面生长，近年也成为较受欢迎的草坪植物。其果实甘香可口，可制成果酱。

[栽培方法]
较喜日照充足、透水性及通风性较好的环境。耐寒性强，可种于半背阴处，如想观花、品果则应种于日照充足之处。为防止植株分布过广，应酌情拔除多余植株。

[株高] 15 ～ 30cm
[花期] 3—7 月、9—10 月

[花色] 白色
[栽苗时间] 4—5 月、9—10 月

鸟儿的乐园

很多小鸟会飞到庭院里觅食或做巢，如能适时变换有机栽培法还会吸引更多鸟儿到访。

我们在庭院劳作时，既能看到舔食蚜虫的绣眼鸟，还能看到口含大量青虫喂食雏鸟的白脸山雀。庭院中的鸟儿能有效降低植物发生虫害的概率。有时，白头翁还会在门旁青栲的低枝上做巢，并在盛夏孵卵。为能充分隐蔽白头翁的巢，切勿过度剪枝。

白头翁常在青栲树 1.8m 高枝处做巢。

据说美国一位科学家曾研究过最益于植物生长的声音，即拂晓时的鸟鸣；想必天光微亮时的众鸟合唱会让植物们备感愉悦吧！若果真如此，一个能引来百鸟到访的庭院一定也是一个能让人放心、舒心的庭院。

Part 4

巧妙利用各种杂草与昆虫

对于有机园艺而言，杂草与昆虫是不可或缺的。充分掌握杂草、昆虫的相关知识，能让有机园艺更富有生命力。

"杂草图鉴"的
分项内容

匍匐植物 (A)

 连钱草 (B)

唇形科　连钱草属 (C)

特有的圆形锯齿形叶片十分可
爱，因其繁殖力较强，甚
至能越墙生长而得名。另
外，还有条纹型园艺品种
"Gurekuma"。 (D)

多年生草本 / 原有种 (E)

| [株高] 5～25cm | [处理方法] |
| [花期] 4—5月 | 植株极易拔除，也可用作草 |
| [生长环境] 透水性好的 向阳或半背阴环境。 | 坪植物。 | (F)

A 植物类型

分为匍匐植物（贴地生长的矮
株植物）、细叶植物（生有细长
叶片）、圆叶植物（生有圆形叶
片的植物及外观独特的草坪植
物）及其他植物（藤蔓植物及
莲座叶植物）

B 植物名

均以常用名表示，如有别名在括号内
标出。

C 科名·属名

植物分类学中的科名及属名。

D 特征·利用方法

杂草的特点及其在有机园艺中的利
用方法。

E 植物类别及品种来源

一年生草或多年生草，原有种或外来种。

F

[处理方法] 介绍有机园艺中的杂草相关处理方
法。
[株高] 即草的高度，因地域、环境及年份不同
而略有差异。
[花期] 指开花时间，因地区、环境及年份不同
而略有差异。
[生长环境] 植物生长的场所。

瓢虫 (G)

 红星瓢虫 (H)

瓢虫科 (I)

身长6～7mm，形如红宝石
的美丽瓢虫。无论幼虫、成
虫均以梅树上常见的桃球坚
蚧为食。因其幼虫及蛹的外
形奇特，令人见之不快，常
被误认为"害虫"而被灭杀。 (J)

| [生长环境] 有介壳虫的 地方 |
| [生长期] 4—10月 |
| [食物] 介壳虫 |
| [天敌] 寄生蜂等 | (K)

"昆虫图鉴"的
分项内容

G 昆虫种类

即同类昆虫。

H 昆虫名

一般以常用名表示，并不具体
列出学名。

I 科名

分分类学中的科名。

J

介绍昆虫的特点及其在有机园艺中的作用及具
体的应对方法。

K

[生长环境] 利于昆虫生长的场所。
[生长期] 指昆虫生长时间，因地区、环境及年
份不同而略有差异。
[食物] 以何种昆虫为食。
[天敌] 该昆虫的天敌。

杂草图鉴

介绍庭院中常见的47种杂草的特点及处理方法，以让你能巧妙利用这些杂草。

匍匐植物

连钱草

唇形科　连钱草属

特有的圆形锯齿叶片十分可爱，因其繁殖力较强，甚至能越墙生长而得名。另外，还有条纹型园艺品种Gurekuma。

多年生草 / 原有种
[株高] 5 ~ 25cm
[花期] 4—5 月
[生长环境] 透水性好的向阳或半背阴环境

[处理方法]
植株极易拔除，也可用作草坪植物。

酢浆草

酢浆草科　酢浆草属

较喜日照充足且较为干燥的硬土环境。植株长势旺盛，极易增殖，一旦侵入草坪会非常麻烦。

多年生草 / 原有种
[株高] 10 ~ 30cm
[花期] 5—10 月
[生长环境] 日照充足且较为干燥的环境

[处理方法]
由于用手仅能揪断地上部植株，需用小镰刀割去根部。

苔藓类

较喜湿润环境，但也有耐旱性强的品种。不易生长在过度喷洒除草剂的土地，因其具有杀菌作用，可用作鸟巢材料。

多年生草·一年生草 /
原有种·外来种
[生长环境] 湿润或干燥的环境

[处理方法]
可直接挖除。如苔藓生长在草坪上，可在挖除后薄撒上一层沙土。

蕨类

较喜背阴湿润环境，常见于常绿树繁茂的庭院中，具有一定的美化效果。但孢子植物极易繁殖，需随时注意。

多年生草·一年生草 /
原有种·外来种
[生长环境]
背阴湿润环境

[处理方法]
很难用手拔除，需用铁锹连根挖出或割去地上部植株。

白三叶草

豆科　三叶草属

能防止杂草生长的草坪类植物，其根部的根瘤菌具有固氮作用，即使在贫瘠土地上也能生长。

多年生草 / 外来种
[株高] 15 ~ 30cm
[花期] 5—7月、
　　　 9—10月
[生长环境]
日照充足的环境

[处理方法]
具有肥沃土地的作用，可任其生长。

铁马鞭

豆科　胡枝子属

较喜日照充足的开放、干燥环境。极易生长在草地、人工平整地及草坪上，具有固氮作用。

多年生草 / 原有种
[株高] 50 ~ 80cm
[花期] 7 ~ 9 月
[生长环境] 日照充足的干燥的环境

[处理方法]
可适当拔除地上部植株以阻断其光合作用。

马齿苋

**马齿苋科
马齿苋属**

耐旱性强，可生长于花坛、菜园等日照充足之处。另外，该植物还能高效吸收空气中的二氧化碳。

一年生草 / 原有种
[株高] 5 ~ 15cm
[花期] 7—9 月
[生长环境]
日照充足的环境

[处理方法]
拔除植株会降低土壤中的养分，可任其生长。

蛇莓

蔷薇科　蛇莓属

可生长在日照充足之处或半背阴环境中，特有的黄色小花十分可爱，红色果实虽看起来诱人，味道却是平平。

多年生草 / 原有种
[株高] 约 10cm
[花期] 4—6 月
[生长环境] 日照充足之处或半背阴环境

[处理方法]
因其可作为草坪植物，如果环境允许可任其生长。

天胡荽

伞形科　天胡荽属

极易生长在人踩踏过的凹陷草坪等处。如果任其在草坪上生长，不断增殖的植株会很难清除，而且该植物可四季生长。

多年生草 / 原有种
[株高] 约 10cm
[花期] 6—10 月
[生长环境]
微湿的环境

[处理方法]
可用沙土填平凹陷处，或在步行区铺上地砖。

草莓天竺葵

**虎耳草科
草莓天竺葵属**

生长在人迹罕至的阴湿环境。叶片汁液对外伤及蚊虫叮咬有一定疗效，植物嫩叶还可做成天妇罗。

多年生草 / 原有种
[株高] 20 ~ 50cm
[花期] 5—7 月
[生长环境]
微湿的环境

[处理方法]
因其扎根较浅，可轻易拔除。

鸭跖草

鸭跖草科　鸭跖草属

较喜微湿环境，也可生长在背阴或向阳处。花朵一般于清晨开放、下午凋谢。该植株可通过自体受粉、异体受粉及匍匐茎进行增殖，繁殖力极为旺盛。

一年生草 / 原有种
[株高] 30 ~ 50cm
[花期] 6—10 月
[生长环境] 微湿、背阴或向阳环境

[处理方法]
可轻易拔除。

白辣蓼

蓼科　白辣蓼属

可生长在日照充足之处或半背阴环境中，具有净化土壤的作用，用作单枝插花也别具韵味，又名"红饭花"。

一年生草 / 原有种
[株高] 20 ~ 50cm
[花期] 6—10 月
[生长环境] 日照充足之处或半背阴环境

[处理方法]
因其为一年生草，需在散种之前割除植株。由于植株扎根较浅，可轻易拔除。

马唐俭草·牛筋草

禾本科
马唐俭草属·牛筋草属

对环境无特殊要求，在空地生长时高度能达 1m 左右。如能修剪平整，该植物要比草坪植物更具野趣。

一年生草 / 原有种
[株高] 10 ~ 50cm、有时能达 1m
[花期] 7—11 月（马唐俭草）、8—10 月（牛筋草）
[生长环境] 无特殊要求

[处理方法]
需用力拔除地表根部，尤其是牛筋草更难拔除。

狗尾草

禾本科　狗尾草属

较喜日照充足的环境，又名"逗猫草"。据说该植物是谷子（小米）的祖先，另有秋狗尾草、金狗尾草等多个品种。

一年生草 / 原有种
[株高] 30 ~ 80cm
[花期] 8—10 月
[生长环境] 日照充足的环境

[处理方法]
用小镰刀剥离根部土块后，即可轻松拔除。

大车前草

车前科　车前属

较易生长在人踩踏过的坚实土壤中，同时植株的抗踩踏性很强。该植物可用作中药，因其株高较矮还具有护根作用。

多年生草 / 原有种
[株高] 10 ~ 20cm
[花期] 3—11 月
[生长环境] 步行处

[处理方法]
可直接拔除，但因其根部附着大量土块，拔除时切勿影响地面的平整性。

芒草

禾本科　芒草属

只要生长环境干燥，植株对日照及土壤的酸碱性均无要求。因其为多年生草，如任其生长植株会逐渐变大。

多年生草 / 原有种
[株高] 150 ~ 200cm
[花期] 8—10 月
[生长环境] 干燥的环境

[处理方法]
小型植株可直接拔除，大型植株需用铁锹挖除。

黄鹌菜

菊科　黄鹌菜属

较喜稍微干燥的环境，不过植株的适应性很强，在日照不足的北面沙路附近也可生长。植株的叶、茎常分泌白色汁液。

越年一年生草 / 原有种
[株高] 10 ~ 100cm
[花期] 4—11 月
[生长环境] 稍微干燥的环境等

[处理方法]
抓住根部即可轻松拔除。

长荚罂粟

罂粟科 罂粟属

较喜碱性土壤，也可生长在水泥地缝中。近年来，该植物在庭院中较为常见，因其果实细长而得名。

越年性一年生草 / 外来种

[株高] 20 ~ 60cm
[花期] 4—5 月
[生长环境]
碱性土壤环境

[处理方法]
因其果实会促进增殖，所以需在结实前割除地上部植株。

羊蹄草

蓼科 羊蹄草属

生长在微湿的硬地中，其根形如牛蒡具有松土作用。该植物可被多种昆虫食用，能充实原有生态系统，其绿叶也极具观赏性。

多年生草 / 原有种

[株高] 50 ~ 100cm
[花期] 6—8 月
[生长环境]
微湿的环境

[处理方法]
可于开花前用铁锹挖出植株，植株生长数年后也会逐渐变小。

芥菜

十字花科 芥菜属

为日本春季七草之一，生长在日照充足、土壤肥沃之处，但也能适应略微背阴的环境。一般而言，生有芥菜的地方土质都较好。

越年性一年生草·二年生草 / 原有种

[株高] 10 ~ 30cm
[花期] 3—6 月
[生长环境] 日照充足、土壤肥沃的环境

[处理方法]
其根如牛蒡很难拔除，可用小镰刀剥离根部土块后拔除。

堇菜类

堇菜科 堇菜属

对日照及土质无特殊要求，不过在土质过软或其他杂草繁茂的环境中很难生长。该植株利用蚂蚁播种来增殖。

多年生草 / 原有种·外来种

[株高] 约 10cm
[花期] 3—5 月
[生长环境]
无特殊要求

[处理方法]
需在花朵结籽前用花铲挖除。

野蓟

菊科 蓟属

植株花朵漂亮，但需注意尖刺。可群生于通风良好的背阴环境，对农药的抗性较弱。

多年生草 / 原有种

[株高] 50 ~ 100cm
[花期] 5—8 月
[生长环境]
半背阴或向阳环境

[处理方法]
一般情况下可任其生长，如实在想清除，只需从根部挖除植株即可。

西洋蒲公英

菊科 蒲公英属

较喜日照充足的弱酸性土壤环境，尤喜硬土、沙土及人为踩踏之处，其根如牛蒡具有松土作用。

多年生草 / 外来种

[株高] 2 ~ 15cm
[花期] 3—6 月、9—11 月
[生长环境] 弱酸性土壤、日照充足的环境

[处理方法]
其根部很难拔除，可在结籽前适当清理地上部植株。

| 圆叶植物 | 藤蔓植物 |

鼠曲草

菊科　鼠曲草属

植株适应性较强,对生长环境无特殊要求,但不易生长在人经常走动之处。整个植株表面生有白色绒毛,其黄色花朵十分可爱。

越年性一年生草·二年生草 / 原有种
[株高] 15 ~ 30cm
[花期] 4—6 月
[生长环境] 草坪等处

[处理方法]
如不及时清除草坪上的鼠曲草,会严重影响草坪生长。

王瓜

葫芦科　王瓜属

藤蔓植物,分为雄株与雌株,仅有雌株结实。花朵常于夜间开放,其特有的红色大果实极适于装点家居。该植株常见于草丛及树林边。

多年生草 / 原有种
[株高] 3 ~ 5 m
[花期] 7—9 月
[生长环境]
草丛、树林边

[处理方法]
及时清除地上部植株以防果实开裂或下坠。

春飞蓬·一年蓬

菊科　飞蓬属

乍一看这两种植物在外观上很难区分。它们较喜向阳环境,能抗除草剂,可生长在任何环境中。

多种生育类型 / 外来种
[株高] 30 ~ 150cm
[花期] 3—7月(春飞蓬)、
5—10 月(一年蓬)
[生长环境] 无特殊要求

[处理方法]
在植株尚未长大时,握住茎下部拔除即可。

乌鸦豌豆

蝶形花科　蚕豆属

可生长在日照充足之处或开放环境中。该植株虽为藤蔓植物,蔓枝却很少弯卷。乌鸦豌豆为豆科植物,具有固氮作用。

一年生草·越年性一年生草 / 原有种
[株高] 10 ~ 30cm
[花期] 3—6 月
[生长环境]
日照充足的环境

[处理方法]
因其能改良土壤,花朵也很漂亮,可任其生长。

猫儿菊

菊科　猫儿菊属

该植株对土质基本无要求,生于纤细茎端的花朵十分可爱。常见于荒地及少有人经过的住宅北向。

多年生草 / 外来种
[株高] 50 ~ 80cm
[花期] 6—9 月
[生长环境]
无特殊要求

[处理方法]
可轻易拔除,不过一旦留有残根,植株又会死而复生。

野葛

蝶形花科　葛属

因植株叶片较大,可随伸展的蔓枝覆盖周围地面。常见于山间、河岸等人迹罕至之处,是中药“葛根汤”的原料。

多年生草 / 原有种
[株高] 约 10 m
[花期] 7—9 月
[生长环境]
无特殊要求

[处理方法]
如任其生长最终会难以收拾,应及时清理地面上部植株。

篱天剑

旋花科 打碗花属

生长在日照充足的环境，常于日间盛开的浅粉色花朵十分漂亮。植株繁力旺盛，土中残留少许地下茎即可发芽。

多年生草／原有种

[株高] 1～2m

[花期] 6—9月

[生长环境]

日照充足的环境

[处理方法]

一旦发现长叶应立即清除地上部植株，以阻断其光合作用。

赤藜·白藜

藜科 藜属

较易生长在田地、荒地及空地周围，植株顶端为白色的为白藜、红色的为红藜。该植物对萝卜、胡萝卜生长极为有利，同时还能预防番茄虫害。

一年生草／原有种（史前归化植物）

[株高] 60～150cm

[花期] 9—10月

[生长环境]

田地、荒地、空地

[处理方法]

大型植株极难拔除，应趁植株尚小时及时清除。

鸡矢藤

茜草科 鸡矢藤属

揉碎或撕碎叶片时，会产生臭味。常见于日照充足的空地或攀附栅栏、金属网等处生长。花朵为夏季昆虫的蜜源。

多年生草／原有种

[株高] 2～3m

[花期] 7—9月

[生长环境]

日照充足的环境

[处理方法]

一旦发现应尽早拔除。尤其是缠绕在金属网上的植株更难清理。

龙葵

茄科 茄属

该植物是马铃薯瓢虫最喜欢的食物，种于菜园时可预防茄科植物的虫害。植株扎根较深，具有松土作用。另外，该植株有毒性，需多加注意。

一年生草／原有种

[株高] 30～60cm

[花期] 8—11月

[生长环境]

无特殊要求

[处理方法]

因其根部很难拔除，只能割除地上部植株。

乌蔹莓

葡萄科 乌蔹莓属

形如鸟足的5枚叶片大小均不相同，植株常于背阴处发芽，能向阳生长。一旦植株缠绕并覆盖住树木，就会引起树木枯黄。

多年生草／原有种

[株高] 2～3m

[花期] 6—9月

[生长环境]

无特殊要求

[处理方法]

应每年从地表处割除植株，或将蔓枝卷成环状置于地面。

牛藤

苋科 牛藤属

背阴牛藤较喜阴湿环境，向阳牛藤较喜日照充足的环境。因其花朵、绿叶毫不起眼，很容易被人忽略，其种子较易附着在其他物体上。

多年生草／原有种（史前归化植物）

[株高] 50～100cm

[花期] 8—10月

[生长环境] **背阴或向阳环境**

[处理方法]

可轻易拔除。

阿拉伯婆婆纳

玄参科
婆婆纳属

一年生草·二年生草 / 外来种

[株高] 10 ~ 25cm
[花期] 2—6 月
[生长环境] 日照充足之处或背阴的开放环境

较喜日照充足之处，也可生长在背阴的开放环境。其特有的蓝色花朵非常可爱，花蜜是扁虻成虫最爱的食物。

[处理方法]
因其不易生长在硬地，可轻松拔除。

一枝黄花

菊科 一枝黄花属

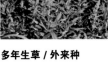

多年生草 / 外来种
[株高] 100 ~ 150cm
[花期] 10—11 月
[生长环境] 日照充足的开放环境

生长在日照充足的开放环境。由于植株本身具有植化相克性，使其植株数量较为稳定。常用作插花花材，其花苞还可用作入浴剂。

[处理方法]
一般可轻易拔除，如拔不动可从地表割除植株。

紫茉莉

紫茉莉科
紫茉莉属

一年生草·多年生草 / 外来种

[株高] 60 ~ 100cm
[花期] 7—11 月
[生长环境]
日照充足的环境

生长在日照充足之处，花朵常于傍晚后开放。除深粉色、白色、黄色等品种外，还有杂色及混开型品种。

[处理方法]
常生长于水泥地缝中，可清除地上部植株。

芹叶飞燕草

毛茛科
大飞燕草属

一年生草 / 外来种
[株高] 20 ~ 70cm
[花期] 3—5 月
[生长环境]
日照充足的环境

较喜日照充足或半背阴开放且土质柔软的环境。其生有长尾的浅紫色花朵十分雅致，因其叶片酷似芹菜而得名。

[处理方法]
轻握植株即可拔除。

问荆

木贼科 木贼属

孢子增殖型草 / 原有种
[株高] 20 ~ 40cm
[生长环境]
微酸性土壤

较喜微酸性土壤，可生长在地表干燥的环境，但犬问荆易生长在潮湿之处。植株含钙量丰富，枯萎后能中和酸性土壤。

[处理方法]
应于每年 4—5 月割除地表植株，如此重复 3 年植株便会自然退化。

蕺菜

蕺菜科 蕺菜属

多年生草 / 原有种
[株高] 15 ~ 40cm
[花期] 5—7 月
[生长环境] 潮湿的背阴或半背阴环境

生长在少有人走动的潮湿背阴处或半背阴处。其 4 片纯白花萼形如花瓣，植株常散发一种难以形容的涩味。

[处理方法]
因其地下茎极易增殖，需花力气挖除植株。

鸭儿芹

伞形科 鸭儿芹属

生长在微湿的背阴处，比市售人工栽培的鸭儿芹香气浓郁，植株叶片结实、茎部纹理较粗。常于6—7月开出白色小花。

多年生草 / 原有种
[株高] 40～50cm
[花期] 6—7月
[生长环境]
微湿背阴环境

[处理方法]
因其根部结实，需用小镰刀挖除。

繁缕

石竹科 繁缕属

生长在潮湿的半背阴处，较喜软硬适中的肥沃土壤，常于3—9月渐次开出小白花。

越年性一年生草 /
原有种·外来种
[株高] 10～20cm
[花期] 3—9月
[生长环境] 潮湿的半背阴环境

[处理方法]
可用手轻易拔除。

美洲商陆

商陆科 商陆属

较喜稍微背阴的环境，但不易生长在过软土壤中。植株形态优美，其深红色果实的汁液一旦粘到衣服上便很难洗去。果实有毒，不可食用。

多年生草 / 外来种
[株高] 1～2m
[花期] 6—10月
[生长环境]
稍背阴的环境

[处理方法]
握紧茎下部即可拔除植株。如果植株生长的地面较硬，需在结实前割除地表植株。

紫花野芝麻

唇形科 野芝麻属

群生在日照充足的开放草地，常见于初春的旱田及废弃农地周围，甚至还能生长在联铺混凝土的裂缝中。其特有的粉色花朵，宛如头带斗笠而舞的舞娘。

越年性一年生草·二年生草 / 外来种
[株高] 10～25cm
[花期] 3—5月
[生长环境] 日照充足的开放草地

[处理方法]
可用手轻易拔除。

日本艾蒿

菊科 艾蒿属

生长在酸性土壤中，极易吸引蚜虫，其叶形丰富，环境适应性很强。因其植株有香气，常用来制作温灸或青草年糕。

多年生草 / 原有种
[株高] 50～120cm
[花期] 9—10月
[生长环境] 酸性土壤

[处理方法]
因其根部十分结实，需用花铲或铁锹挖除根部。

宝盖草

唇形科 野芝麻属

较喜日照充足、土壤肥沃之处，于初春盛开粉色花朵。植株易染白粉病，但与树木所染白粉病的种类并不相同。

越年一年生草 / 原有种
[株高] 10～30cm
[花期] 3—6月
[生长环境] 日照充足且土壤肥沃的环境

[处理方法]
因其根部结实，需挖除植株。

介绍庭院中常见的41种昆虫及其生长环境、生长期和天敌，以帮助你更好地进行有机园艺。

瓢虫

红星瓢虫
瓢虫科

身长 6 ~ 7mm，形如红宝石的美丽瓢虫。无论幼虫、成虫均以梅树上常见的桃球坚蚧为食。因其幼虫及蛹的外形奇特、令人见之不快，常被误认为"害虫"而被灭杀。

[生长环境] 生有介壳虫的植物
[生长期] 4—10 月
[食物] 介壳虫
[天敌] 寄生蜂等

黄瓢虫
瓢虫科

该昆虫主要以百日红、四照花等树木上的白粉病菌为食，在不使用农药的情况下，常见于城市庭院中。因其大小仅为 3mm 左右，很难被人发现。其幼虫及蛹均为黄色且形态奇特，因此常被误认为"害虫"。

[生长环境] 患有白粉病的树木
[生长期] 4—10 月
[食物] 白粉病菌

七星瓢虫（幼虫）
瓢虫科

该昆虫外形奇特，背部黑中泛灰并生有红点，常见于花坛及开发草地中。身体无红点且腹部两侧生有红纹的为异色瓢虫的幼虫。因幼虫无翅，只能捕食停留的蚜虫。

[生长环境] 生有蚜虫的地方或草花植物等
[生长期] 3—11 月（自 8 月减少）
[食物] 主要为蚜虫

七星瓢虫
瓢虫科

为日本常见的昆虫之一，其飞翔能力不及异色瓢虫但优于树木上的蚜虫，喜食草上的蚜虫。成虫可越冬，但到盛夏会夏眠。当该昆虫感知到危险时，会从足间分泌黄色液体。

[生长环境] 生有蚜虫的地方或草花植物等
[生长期] 3—11 月（自 8 月减少）
[食物] 主要为蚜虫

异色瓢虫
瓢虫科

因其颜色丰富而得名，主要以树木上的蚜虫为食。该昆虫的颜色及斑纹富于变化，花纹不同的同种异色瓢虫之间也可交配。成虫寿命约为 2 个月，如果该昆虫在秋季出生，其成虫便能越冬。

[生长环境] 生有蚜虫的地方或草花植物等。
[生长期] 3—11 月（自 8 月减少）
[食物] 蚜虫
[天敌] 肉食性椿象、寄生蜂等

摩尔白星瓢虫

瓢虫科

背部生有 14 颗白点的漂亮瓢虫宛如艾米勒·葛莱（法国玻璃制品大师）制作的艺术品。该昆虫能大量食用患白粉病植株上的病菌。由于该昆虫体长仅为 4mm 左右且动作敏捷，很难被人发现。

[生长环境] **患有白粉病的植物**
[生长期] **4—10 月**
[食物] **白粉病菌**

柑橘凤蝶（幼虫）

凤蝶科

所谓的"凤蝶"一般都指"柑橘凤蝶"。该昆虫以柑橘类及山椒等植物的叶片为食，虫龄满 5 龄后，其外形会变成有趣的蛇形。除了寄生性姬蜂外，鸟、螳螂等也是该昆虫的天敌。一般可用方便筷扑杀。

[生长环境] **柑橘类及山椒等植物**
[生长期] **3—10 月**
[食物] **柑橘类及山椒的叶**
[天敌] **捕食性蜂等**

蝶

金粉蝶（幼虫）

凤蝶科

该昆虫以胡萝卜、鸭儿芹、欧芹、茴香、莳萝等植物的叶片为食，对于有家庭菜园或喜欢香草的人而言，该昆虫极不受欢迎。因其终龄幼虫食欲极其旺盛，一旦发现应立即捕杀。该昆虫的天敌包括捕食性蜂、鸟、螳螂、青蛙、蜥蜴、蜈蚣等。

[生长环境] **胡萝卜叶、明日叶、水芹等**
[生长期] **3—11 月**
[食物] **胡萝卜、明日菜、水芹等植物的叶及嫩芽**
[天敌] **捕食性蜂等**

菜粉蝶（幼虫）

粉蝶科

该昆虫以十字花科植物、天竺葵、芝麻菜、白花菜等植物为食，一般很少侵食树木。种植薰衣草、迷迭香、芹菜等植物可减少此种虫害。尤其将三叶草与易感染此虫害的植物一起种植时，更能有效抑制菜粉蝶的发生。

[生长环境]
十字花科植物等
[生长期] **5—11 月（主要为 5—6 月）**
[食物]
十字花科植物的叶
[天敌] **绒茧蜂、鸟、蜂类等**

蜂

黑凤蝶（幼虫）

凤蝶科

该昆虫以蜜柑、酸橘、柚子等柑橘类及山椒等植物的叶片为食。相比柑橘凤蝶，该昆虫更喜背阴环境。4 龄前的幼虫形似鸟粪，但由幼虫变为蛹的过程需食用 25 片柑橘叶。一经发现，可用方便筷捕杀。

[生长环境] **柑橘类及山椒等植物**
[生长期] **4—9 月**
[食物] **柑橘类及山椒的叶**
[天敌] **捕食性蜂等**

胡蜂

马蜂科

只要不碰触或敲打蜂巢，胡蜂就不会有攻击性。胡蜂能将青虫等昆虫以肉丸形式运进巢内，由此大量降低了绿叶植物的虫害。平时应尽量保留其蜂巢。由于蜂类对香水、发用摩丝等较为敏感，请尽量不要在园内使用上述产品。

[生长环境] **树枝及房檐下**
[生长期] **3—11 月**
[食物] **活昆虫及虫卵、幼虫**

蜂

猎人蜂及其近缘

马蜂科等

泥蜂、地蜂、蜘蛛蜂等会在树枝、树叶或竹子内做巢。不过，成年蜂并不生活在巢内而只是在巢内产卵，它们会蛰麻昆虫并将其运至巢内用以喂食幼虫。其食物主要有蜘蛛及蛾类的幼虫等。左图为陶工黄蜂的巢。

[生长环境] **树枝及树叶、竹子内、电线杆孔洞等处**
[生长期] **3—11月**
[食物] **活昆虫、虫卵、幼虫**

马蜂

马蜂科

该昆虫种类丰富，黄臀大黄蜂常在树枝及房檐下做巢。攻击性行为、大喊或挥手会引来马蜂。可于每年马蜂做巢时，在园内悬挂椰壳等外形酷似蜂巢的物体以防其做巢。左图为黄臀大黄蜂的巢。

[生长环境] **树枝、房檐下、大树的孔洞及土地中**
[生长期] **3—11月**
[食物] **活昆虫、虫卵、幼虫**

野蜂及其近缘

隧蜂科等

小黄蜂、大黄蜂等野蜂的足部均生有囊袋，可供其采集花粉及花蜜。野蜂能帮助花朵授粉，不被严重侵犯时几乎没有攻击性。即使不小心被蛰，其毒性也不大。同时还有小型野蜂。

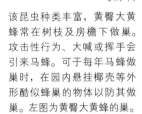

[生长环境] **多花之处**
[生长期] **3—11月**
[食物] **花蜜、花粉**
[天敌] **伯劳鸟等野鸟、食虫虻等捕食性昆虫、蜘蛛类等**

蚂蚁·白蚁

蚂蚁

蚁科

该昆虫以活昆虫、虫卵、幼虫及各种生物的尸骸为食，同时能帮助堇菜等植物播种，以丰富生态系统。有约1/4种类的蚂蚁可与蚜虫共生，当蚜虫过多时还可将其吃掉。同时，蚂蚁还能将引起树木腐烂的病菌运出树外。

[生长环境] **地表、土地中、植物、竹子内、电线杆孔洞等处**
[生长期] **3—11月（自8月减少）**
[食物] **昆虫、尸骸**
[天敌] **蛟蛉、猎蝽类、鸟等**

白蚁

白蚁科

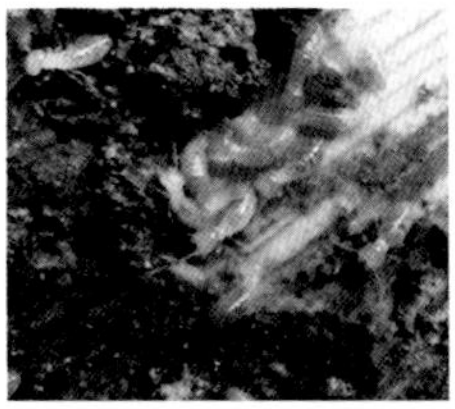

常见于木栅栏及竹墙等埋于土中的部分以及房屋周围的废弃瓦楞纸板箱上。白蚁的天敌是小鸟、螨虫，尤其讨厌蚂蚁。一旦园内没有蚂蚁白蚁就会大量繁殖，所以切勿杀灭蚂蚁。

[生长环境] **埋有木材的土地等处**
[生长期] **3—5月（大和白蚁）**
[食物] **腐木**
[天敌] **小鸟、蚂蚁、螨虫**

蜗牛·蛞蝓

蜗牛

亚洲蜗牛科

该昆虫可全年生长，尤其常见于梅雨季及秋雨季的潮湿时节。多食用植物的柔软部分，易给植物造成孔洞。当其蜗壳损伤时，蜗牛会借助水泥等补充钙质以进行修复。蜗牛的最大天敌是蜗牛步行虫，当其被攻击时会鼓泡进行抵御。

[生长环境] **于日间出现在缸底或石下等处**
[生长期] **全年**
[食物] **植物的柔软部分（花瓣、嫩芽、嫩叶）**
[天敌] **鸟、青蛙等**

蛞 蝓

蛞蝓科

该昆虫可在寒冬以外的任何时间生长，尤其在秋季的繁殖期食欲最为旺盛。蛞蝓为夜行性昆虫，傍晚给植物浇水能进一步刺激其增殖。如果枯叶、落叶或食物垃圾不经处理而直接置于庭院中，就会生出大量蛞蝓。如果庭院内无杂草，此类虫害也会大规模爆发。

[生长环境] 潮湿的地方
[生长期] 全年（主要为寒冬以外的3—11月）
[食物] 花、叶
[天敌] 笋蛭、地鳖、鸟、青蛙等

介壳虫

日本卷毛毡蜡蚧

软蚧科

该昆虫形如龟甲，身周有小凹陷。在夏季常见于叶脉附近，秋季会移至树干部。不过，该昆虫不擅移动，据说仅有约半数昆虫会移动。另外，该昆虫分泌蜜露，易引发煤污病。一旦发现，用竹蔑刮去即可。

[生长环境] 各种植物的茎、叶、枝干
[生长期] 主要为春—秋季
[食物] 植物汁液
[天敌] 寄生蜂、草蛉蛉、五倍子蝇等

蛾

刺蛾（幼虫）

刺蛾科

常见于柿树、枫树等所有树木上，外形酷似金平糖。用手轻触可使该昆虫不停抖动，因此俗称"触电虫"。刺蛾常在树枝上作茧，而蓝刺蛾及其近缘则常在土壤中作茧。一旦发现，可用方便筷扑杀。左图为蓝纹刺蛾。

[生长环境] 柿树等落叶树及少数常绿阔叶树
[生长期] 6—9月（幼虫）
[食物] 叶
[天敌] 上海青蜂、刺蛾寄生蝇等

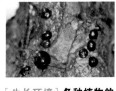

桃球坚蚧

蚧科

该昆虫生有坚硬的茶色圆壳，常大量覆盖在梅树枝干上。红星瓢虫和红点唇瓢虫的成虫及幼虫最喜欢食用此昆虫，堪称梅树的"救世主"。盲目播撒农药不仅无益于灭杀此虫，还会对瓢虫产生影响。

[生长环境] 各种植物的茎、叶、枝干
[生长期] 主要为春—秋季
[食物] 植物汁液
[天敌] 红星瓢虫、红点唇瓢虫等

其他昆虫

茶毛虫（幼虫）

毒蛾科

常见于山茶、茶梅、茶树及假山茶上，一般出现在春季至初夏以及夏末时节。由于茂密树木极易引发茶毛虫，所以庭院内应尽量不设树墙，并及时修剪独棵树。一旦健康树木被茶毛虫侵食后便会散发气味，以吸引其天敌——寄生蜂。

[生长环境] 山茶、茶梅、茶树、假山茶等
[生长期] 一年2次（第一次为4—6月、第二次为8—9月）
[食物] 山茶、茶梅、茶树、假山茶等植物的叶片
[天敌] 寄生蜂、鸟

蚜虫

蚜虫科

因其食用树木、草花的花苞及新芽的汁液，在植物生长停滞的盛夏时节，蚜虫也会停止增殖。蚜虫与蚂蚁是共生关系，其分泌的蜜露附着在叶片上极易引发煤污病。由于蚜虫每5日会进行一次无性繁殖，所以抗药性很强。不过，该昆虫的天敌也很多。另外，过度使用化肥更易引发蚜虫。

[生长环境] 不同品种的蚜虫所寄生的植物不同
[生长期] 初春至秋季
[食物] 树木、草花的新芽及花苞等处的汁液
[天敌] 瓢虫、草蛉蛉、扁虻等

碧蛾蜡蝉
碧蛾蜡蝉科

常见于通风不佳、光照不足的树墙及树木等处，尤其是长期未打理的猕猴桃架更易引发此类虫害。幼虫身上常覆有白色棉絮状物质，其成虫俗称"鸽虫"。只要及时剪枝就能基本控制此类虫害。左图为碧蛾蜡蝉幼虫。

[生长环境]多个树种
[生长期]5—9月
[食物]新枝、嫩叶的汁液
[天敌]阿米达瓢虫、蛾、鸟、螳螂、蜘蛛、蜂、青蛙、寄生蜂等

椿象
椿象科

常见于果园，庭院树及草花上的椿象多处于休养阶段。化肥是导致椿象大量出现的原因之一。除了草食性椿象外，肉食性椿象也很常见。同时，还有颜色漂亮及带花纹的品种。左图为喜绿蝽。

[生长环境]
因品种不同而不同
[生长期]
因品种不同而不同
[食物]植物果实（草食性）、昆虫（肉食性）
[天敌]寄生蜂、鸟等

螳螂
螳螂科

主要以大螳螂、小螳螂、广斧螳螂、朝鲜螳螂为代表。能捕食一切活物，不仅吃"害虫"也吃"益虫"，但无法捕食过小昆虫。有时，螳螂会被伯劳鸟捕获并被串挂在树上。左图为大螳螂。

[生长环境]庭院各处
[生长期]5—11月
[食物]活昆虫（飞蝗、蟋蟀、蝶类等）
[天敌]鸟、水铁线虫

草蜻蛉（幼虫）
草蜻蛉科

其幼虫以蚜虫为食，因其下颚形如犬齿，令人望而生畏。该虫分为伪装型幼虫（用垃圾覆盖体表）和非伪装型幼虫（不用垃圾覆盖体表）。坠于细丝一端的白色细长形虫卵常被称为"优昙婆罗花"。

[生长环境]各种草花、树木及生有蚜虫的植物
[生长期]全年
[食物]活昆虫

天牛
天牛科

该昆虫种类丰富，幼虫均以树干内组织为食，成虫常在5—6年树龄以上的树上产卵。低处枝干更易遭受此类虫害，通过观察木屑即可判断树木是否发生虫害。一旦健康树木遭受天牛幼虫侵食，就会引来寄生蜂。左图为星天牛。

[生长环境]枫树、石榴树、无花果树等
[生长期]5—8月
[食物]幼虫以枝干内组织为食
[天敌]
鸟、寄生蜂、蜂等

蜘蛛及其近缘
结网蛛科等

具体有结巢型蜘蛛、非结巢型蜘蛛和土壤性蜘蛛等，均为肉食性昆虫且能捕食多种昆虫。另外，还有外形酷似蚂蚁、鸟粪的蜘蛛。蜘蛛与蜂类一样对农药的抗性较弱，只要喷洒过一次农药就能显著抑制蜘蛛数量。左图为草蜘蛛。

[生长环境]
因品种不同而不同
[生长期]
全年（郊外在5—7月）
[食物]活昆虫

西瓜虫
潮虫科

[生长环境] **朽木、石块、枯叶下及堆肥处下方**
[生长期] **2—11月**
[食物]
腐烂植物及枯叶

通过食用、分解腐叶及枯叶来肥沃土壤，还常见于未熟有机物附近。该昆虫一旦被触碰就会蜷成圆球。据说西瓜虫也食用未枯萎叶片，但它们吃的都是其他昆虫吃剩下的部分。

蚰蜒
蚰蜒科

[生长环境]
阴暗潮湿的环境
[生长期] **7—11月**
[食物] **活昆虫**

该昆虫生有30根足，常见于阴暗潮湿之处，屋内的蚰蜒能吃掉蟑螂虫卵及幼虫。蚰蜒生性胆小，不会叮咬人类。一旦遇到攻击，它会自断其足，趁敌人不备之时用保留的长足逃跑。

杜鹃网蝽
网蝽科

[生长环境]
杜鹃树类、杜鹃花树类
[生长期] **5—9月**
[食物] **叶片汁液**
[天敌] **寄生蜂、肉食性椿象**

该昆虫以杜鹃树及杜鹃花树的叶片汁液为食，被侵食叶片会泛白褪色，同时叶背会附着黑色或褐色的颗粒状粪便。为减少此种虫害，需加强树木的光照及通风，并及时修剪花树上部枝叶。由于该昆虫可利用枯叶越冬，所以应及时清理树根部的枯叶。

金龟子
金龟子科

[生长环境]
各种植物及花盆、条盆中
[生长期] **全年**
[食物] **各种植物的花、叶**

成虫群生于花朵中，常以花瓣、花心及花叶为食。其幼虫头部呈黑色或褐色、身体呈乳白色，形似青虫，常于土中啃食植物根部。金龟子常在花盆或条盆中产卵。成虫很易捕杀，而捕杀幼虫只能依靠其天敌，切勿使用化肥。

黑尾叶蝉
叶蝉科

[生长环境]
各种树木
[生长期] **3—11月**
[食物] **梢枝及叶片的汁液**
[天敌] **寄生蜂、鸟、螳螂、蜘蛛等**

该昆虫以各种树木的茎叶汁液为食，常大量出现在通风较差的地方。因其一旦感到危险便会横向逃跑，因此又名"横行虫"。该昆虫虽常见于绣球花等植物上，但对植物生长并无影响，不用太在意。另外，该虫还被称为"香蕉虫"。

尺蠖
尺蛾科

[生长环境] **各种树种**
[生长期] **春—秋季**
[食物] **叶**
[天敌] **松毛虫赤眼蜂、胡蜂等**

该昆虫种类繁多，且体型、大小各不相同。一旦感知到危险，它便会伪装成树枝。该昆虫常被胡蜂及蜘蛛捕食。尺蠖很少引发大规模虫害，所以无须担心。另外，多数成虫（蛾）都很漂亮。

马陆
带马陆科

[生长环境]
石头及枯叶的下方
[生长期] 3—11 月
[食物] 腐败植物及菌类

由于该昆虫多足，常被误认为蜈蚣，但它并不蜇人。常见于石块及枯叶的下方，是腐叶、枯叶及菌类的"分解生物"。虽然有市售的杀虫剂可杀灭该昆虫，但它对人类并无害处，无须如此反感。

马蝇
胃蝇科

[生长环境]
生有蚜虫的地方
[生长期] 初春—深秋
[食物] 蚜虫（幼虫）、花蜜（成虫）

成虫以花蜜为食，不会蜇人。幼虫形似蛆虫且气味刺鼻，却能大量捕食蚜虫。常见于初春至深秋时节，在日本关东以西地区，只要寒冬仍有花株就能吸引马蝇。尤其是初春盛开的阿拉伯婆婆纳最能吸引马蝇。

夜蛾
夜蛾科

[生长环境] 各种蔬菜、草花
[生长期] 4—11 月间，因品种不同而不同
[食物] 叶
[天敌] 胡蜂、关东蟾蜍等

因其常于夜间活动且以叶片为食，又名"夜贼虫"。该昆虫食用的植物很多，而且有的品种能对农药产生抗性。如果植物受虫害严重却未在植株上发现昆虫时，挖开植株下方土壤即可发现夜蛾。一经发现应立即捕杀。

结草虫
蓑蛾科

[生长环境] 因品种不同而不同
[生长期] 全年（发生虫害时间为夏—秋）
[食物] 叶
[天敌] 胡蜂等

蓑蛾类幼虫习惯用枯叶及枯枝包裹身体。大蓑蛾一般不会引发大规模虫害，而小型的茶袋蛾却容易大规模爆发，需多加注意。该昆虫能食用一切植物，甚至是香草。一经发现应立即捕杀。

杜鹃三节叶蜂（幼虫）
三节叶蜂科

[生长环境] 杜鹃、皋月杜鹃
[生长期] 4月下旬—10月（每年出现 3—4 次）
[食物] 杜鹃及皋月杜鹃的叶
[天敌] 螳螂、蜥蜴、蜘蛛、蠼螋类等

"叶蜂"幼虫不同于其他肉食性蜂，常以叶片为食。成虫体表光亮，呈黑紫色。该昆虫通过臀部的产卵管将卵产在叶边内侧。如发现幼虫用手拿掉即可，如发现成虫，应及时喷洒大蒜木醋混合液。

蜈蚣
蜈蚣科

[生长环境] 石头、腐木及落叶的下方
[生长期] 4—11 月
[食物] 活昆虫
[天敌] 蛇、蜥蜴、蜂、鸟、日本鼩鼱、麝香鼠

一旦被蜈蚣咬伤会出现剧痛、发烧及红肿等症状。不过，蜈蚣只有感知到危险时才会主动攻击对方，它们大多比较胆小，一遇到人会立即逃跑。屋内的蜈蚣还会吃掉蟑螂的卵和幼虫。如果担心被蜈蚣咬伤，可在屋内放置火钳，一经发现立即捕杀。

Part 5

有机园艺的
具体步骤

介绍有机园艺相关规划管理方法及整体布局等，为你的实际操作提供指导。

有机园艺的整体规划

根据你对庭院作业的喜爱程度、作业时间及目的来规划庭院，从而决定庭院风格。

庭院风格取决于目的和时间

每当我们在庭院杂志或电视旅游节目中看到那些如伊甸园般美丽的庭院时，都不禁心生向往。不过，你切不可想得太简单！如果没有丰富的植物相关知识及充裕的时间，就无法建造出那种梦幻庭院。总之，我们要先确定自己对庭院作业的喜爱程度以及愿为此花费的时间。现在，很多家庭都设有庭院，但不代表所有主人都对园艺感兴趣，他们只希望将其作为一个体面的休憩场所。对于这些人而言，就需要一种省时省力型的庭院。就算他们一时兴起修建了大型花坛，最终也会因无暇管理而使花坛荒废。可见，庭院作业时间有限的人应该选择小花坛，以实现花费最少精力享受到最大乐趣。同时，减少土地或是用草坪植物代替杂草等都是此类人士应采取的有效方案。

此外，家庭成员构成及具体年龄也是决定庭院风格的重要因素。如果家中有老人或行动不便人士，就不应在园内设置踏脚石，而应铺设平整的庭院路。反之，如果家里有老人或病人需要照顾而无法外出旅行时，就要有效利用庭院空间，以使其成为放松身心的场所。

如果家里有孩子，可在园内设置沙池或在树上安装秋千。很多男士都非常喜欢作业小屋及收纳间，常用它们放置钓具、工具或是作为自己的工作室。

由此可知，使用者的年龄、使用目的及作业时间决定了庭院风格。

自然生长型庭院

无人打理时，庭院内杂草十分茂盛。

精心打理型庭院

在阶式花床内种植蔬菜，每日的精心打理令其更加美观。

实用型庭院

木连廊便于人们从屋内来到庭院，庭院中央处的给水站也很实用。另外,在步行区域铺上地砖还能抑制杂草生长。

亲近型庭院

在后廊延长线上铺设木连廊，由此便将室内与庭院巧妙连接起来。另外，还可用连廊扶手晾晒被褥。

绿植型庭院

栽种时应充分考虑植株数年后的尺寸，以留出足够空间。

高利用率型庭院

可在无法种植蔬菜的背阴庭院内设置花床，如此不仅便于日常作业还能带来不小的收获。

Basis
2 🌱

常用工具

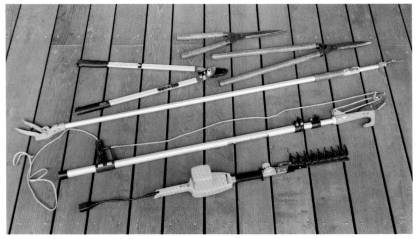

[剪枝工具 1]

（左图由左至右）
剪枝锯、剪枝剪、
树枝剪。

[剪枝工具 2]

（上图由下至上）电动修枝刷、高枝剪（绳式）、高枝剪、粗枝剪（左）、修枝剪（大）（右）、
修枝剪（小）。

[备土工具]

（左图由下至上）
锄头、铁锹、花铲。

主要介绍有机园艺中用于剪枝、备土、清扫等相关的工具及使用方法。

[剪枝剪与树枝剪的使用方法]

树枝剪用于剪断较细枝条。

使用时倾斜刀刃更便于剪断枝条。

剪枝剪能剪断 20mm 左右粗细的枝条。

[修枝剪的使用方法]

当树木离操作者较远时，操作时应使刀刃与修整面平行，同时伸展双臂进行操作。

操作时保持刀刃向下，同时握紧手柄中部会更利于操作。

在保持一只手不动的同时，不断运动另一只手，由此能使植物表面更规整。

[电动修枝刷的使用方法]

操作时保持刀刃向下，同时水平移动修枝刷。

电动修枝刷能大幅修剪各种枝叶，操作时无须有顾虑。

可一边构思成品外观，一边从近前枝叶开始循序渐进地操作电动修技刷。

（上图由下至上）竹扫帚（头部整齐）、竹扫帚、小扫帚、小耙子、铁耙子、竹耙子。

[竹扫帚的使用方法]

头部整齐的竹扫帚用于清扫台阶、昝冗等处。

可适时修剪扫帚头，并将新扫帚和已磨损的旧扫帚分开使用。

清扫时需立起扫帚头，尤其清扫砂石地时无须太过用力，仅用扫帚头部扫净即可。

[耙子的使用方法]

铁耙子的耙头端部微弯，十分便于使用。

可用铁耙子清理杂草及杂草上的垃圾。

可用竹耙子清理砖路、土路及草坪上的垃圾。

[小耙子的使用方法]

可根据具体情况调整耙头宽度。

可用小耙子清理树墙及植栽处的落叶。

根据具体情况选择使用普通耙子或小耙子。

[小扫帚的使用方法]

可用小扫帚清扫各种缝隙、旮旯。

清扫砖石。

还可清扫草地上的枯叶等。

备土

备土就是改良土壤

人们常提及"备土"一词，实际上人类是无法制作土壤的。大自然每生成 1cm 的土壤就要花费 10 年甚至是 20 年的时间，而我们能做的就是改良土壤，也就是"备土"。土壤中有大量微生物及昆虫，它们通过分解枯叶、动物尸骸及粪便等将有机物转化为无机物。

根据土壤性质，一般可分为透水性较差的黏土、硬度及湿度适宜的黑土、红土以及干燥的沙化土。而且，pH 值对土壤性质也有显著影响，因此绣球花等对 pH 值较为敏感的植物会备受关注。日本的弱酸性土壤十分利于植物生长，然而最近有研究显示，水泥的广泛使用使得碱性土壤越来越多，这也导致了一枝黄花等外来种杂草的广泛繁殖。

虽然市场上有经高温消毒的"烧土"，但病菌一旦侵入此类土中就会呈爆发式生长。其实，土壤环境与人的肠道内环境极为相似，都是通过多种细菌来维持内环境的平衡。因此，我们在备土时切勿破坏此种平衡。

堪称"备土能手"的蚯蚓很少出现在播撒化肥的庭院中，因为蚯蚓对酸性环境十分敏感。蚯蚓通过食用有机物和硬土来补充体内的矿物成分，在肥沃土壤的同时将土壤颗粒化。颗粒土能同时保证土壤的透水性和保水性，因此，我们在备土时应充分满足蚯蚓生长所需的条件。

[通过植物判定土壤性质]

碱性 ⟵ 中性 ⟹ 酸性

一枝黄花
生长在日照充足的碱性土壤，是虫媒花，但不会引起花粉症。

宝盖草
生长在日照充足的肥沃土壤，一旦误食会引起呕吐、痢疾。

问荆
生长在酸性土壤，枯萎植株能补充土壤中的钙质以起到中和土质的作用。

[备土生物]

西瓜虫
常见于腐叶、枯叶、未熟堆肥以及未被分解的有机物附近。

马陆
可食用并分解腐叶及枯叶。

蚯蚓
较喜少草的干燥环境，土壤经蚯蚓分解后其微量元素会增多。

种植

种植时应首先考虑植物的特点

不同植物的特点不同，有的植物喜欢日照充足之处，有的植物喜欢背阴处；有的植物只能长在凉爽的地方，而有的植物的耐旱性却很差。总之，我们应根据庭院的实际情况来选择种植相应植物。

很多人的种植之所以失败是因为他们太过理想化，在有限空间内种了过多植物。也许在栽种初期植物的株距正合适，但若干年后，繁茂的枝条会缩小株距以致影响庭院的光照和通风，同时还极易引发病虫害。因此，我们在种植时应尽量加大株距。另外，种植树木时尽量不要选择大型树种，而应选择易生根的小型树苗。从树木扎根到初具树形大约需要 3 年时间。

移栽树木时有易生根的品种和不易生根的品种，其中不易生根的代表品种有柿树和瑞香树。另外，夏季移栽沙罗树（假山茶）极易导致树木干枯。一般而言，落叶树适于在落叶期进行移栽，常绿树适于在寒冬以外的时节移栽。

[移栽要点]

在背阴处移栽植物

首先应选择适于背阴环境的植物，如果此处的透水性较差，应采取多培土的高植法。

在向阳处移栽植物

由于此处土壤较易干燥，可采用护根栽培法。

[移栽环境]

背阴处
山野草等很多植物的耐阴性都很强。

夕照处
可种植常绿树或直接修起栅栏。

花盆·条盆·盆栽
夏季需保证每日浇水。

花坛
花坛尺寸应以便于打理为宜。

半背阴处
可种植一些颜色鲜亮的花卉及绿叶植物，以给庭院带来更多变化。

日照充足处
此处较利于植物生长，但需防止干旱。

[移栽花苗]

用花铲在土中挖一个比苗盆大一圈的坑。

从盆中取出花苗。

如发现盆底根部卷缠，可将其剪掉以松解根部。

将花苗放入挖好的坑中。

给花苗周围培土并留出适当空隙，同时压实根部的土以使花苗充分固定在土中。

充分浇水。

种植

在土中挖一个比树苗根部大一圈的坑。如果土质较硬，应保证坑的尺寸大于树苗根部两圈左右，然后将肥沃土壤撒入坑底。

将树苗放入坑中，并在其周围撒上肥沃土壤。

充分浇水以使水从坑中漫出为宜。轻摇树干能使水浸入坑底，所以需大量浇水直到坑表水分不再渗入为止。

由于浇水后坑表土壤会下沉，所以需再次填土并将坑表修整成蒜臼状。

将堆肥撒在土上及树苗根部附近。

最后再用喷壶浇水。蒜臼状坑表利于雨天存水，只要之后的天气不是太干燥，短期内无须再次浇水。

剪枝的基本方法

主要介绍需要修剪的枝、芽、粗枝的类型以及剪枝时间、基本的操作方法。

剪枝能帮助植物释放能量

树木通过根部吸收水分和养分，同时通过叶片吸收光和二氧化碳进行光合作用。由此可以想象，剪枝就是将植物从大地吸收的能量通过枝端释放到周围空间以促进植物的内循环。

一般而言，剪枝时应避开树木生长最旺盛的 4 ～ 5 月，最好选在 6 月中旬以后进行，因为此时树木的生长状态已逐渐趋于稳定。另外，不同树种的剪枝时间也不一样。还有一点需要注意，在树木长出花芽后剪枝很可能影响其开花数量。

[需修剪枝条类型]

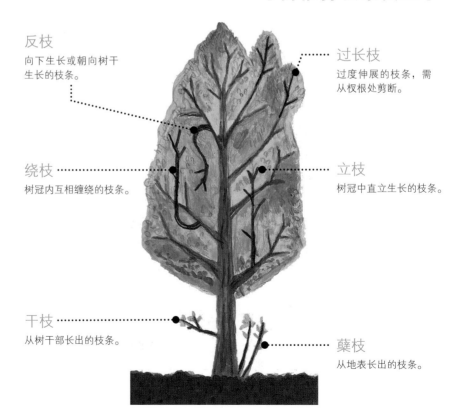

反枝
向下生长或朝向树干生长的枝条。

过长枝
过度伸展的枝条，需从杈根处剪断。

绕枝
树冠内互相缠绕的枝条。

立枝
树冠中直立生长的枝条。

干枝
从树干部长出的枝条。

蘖枝
从地表长出的枝条。

[剪枝位置]

更新枝条时应在枝芽偏上位置剪枝，同时使切口与枝芽角度基本一致（①）。如果保留过长枝条会极易枯萎（②）。如果贴近枝芽剪枝，会致使枝芽枯萎（③）。

[花芽·叶芽]

生于枝端能开花的是花芽，能长叶的是叶芽。

[外芽·内芽]

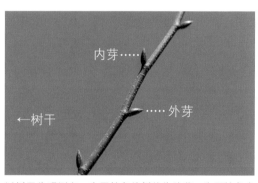

以树干为观测点，生于枝条外侧的为外芽，生于枝条内侧的为内芽。一般剪枝时都以外芽为基准。

[修剪粗枝]

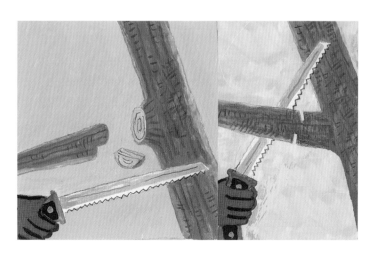

修剪粗枝时可用剪枝锯，因其锯刃形状特殊，不可用木工锯代替。操作时应从树枝下方锯入 1/3 左右，然后在枝条上方稍微偏离下切口的位置再次入锯。由于被锯断的枝条断面很不规整，需及时修平。

剪枝的注意事项

通过剪枝增强光照与通风

很多人在剪枝时仅修剪近前的枝条，其实剪枝的基本原则是充分修剪上部枝条而保留下部枝条。由于树木对光照的要求较高，如果上部过于茂盛就会影响下部的生长，而且一旦下部枝条被剪去就很难重新长出。另外，剪枝不可流于表面，应充分剪除树冠内的绕枝以增强其光照和通风。

[常犯错误及操作要点]

仅修剪近前枝条，使树木丧失了应有的遮蔽效果。

仅修剪树表枝条，不仅使树木外观显得过于厚重，还易引发病虫害。

打造自然优美的树形

　　如果顺着长势好的枝条依次修剪可使树冠缩小一圈，同时树形也十分自然。反之，先修剪细枝会导致树形过于松散，从而很难得到外观自然的小树形。另外，剪枝间隔期不可过长，否则树形会过大，而且粗干上会生出很多粗枝，如此便更难修整成小树形。

　　剪枝时切勿压断或拉断枝条，这会导致病菌侵入树木。剪枝最重要的是选择恰当位置及正确使用工具。另外，如在长花芽前剪枝，必须保留生有花芽的枝条。总之，操作时应根据具体植物选择相应的剪枝法。

通过剪枝美化树形、改善通风，整个树木显得生机勃勃，让人望之心情愉悦。

如不及时修整切口会使病菌侵入树木，从而引起烂枝。

如不及时剪枝会导致树干变粗，由此更难修整成较小树形。

121

大型树木的剪枝方法

主要介绍大型树木的剪枝要点及具体方法。

剪枝要恰到好处

大型树木的剪枝要点就是切勿损伤枝条。一旦枝条受损使病菌侵入，就会导致树木干枯。切割粗枝后需将切口修理平整，不可在切口处扣盖或涂抹杀菌剂等药剂。由于树木自身具有一定的修复作用，我们只需时刻关注其生长状况。另外，修剪粗重枝条时不可一蹴而就，应分几次操作。

如果待修剪枝条的位置较高，切不可勉强为之，应委托给专业人士处理。

剪枝前

疯长的过长枝和绕枝。

剪枝后

修剪后树冠小了一圈，树形也十分自然。操作时尽量不要拉断或扭断枝条。

[剪枝顺序]

1
疯长的过长枝。

4
找到重叠细枝的分枝处。

2
找到过长枝的杈根处入剪。

5
从杈根处剪断。

3
从分枝的杈根处剪断过长枝。

6
修剪后的枝形清爽而自然。

Basis 8

小型树木的剪枝方法

主要介绍小型树木的剪枝要点及具体方法。

剪枝要深至树内侧

小型树木的剪枝要点就是要从树冠内侧剪去长势旺盛的枝条。

应从杈根处剪去那些背向树干生长的枝条（逆枝）和纠缠在一起的枝条（绕枝）。通过将树冠内密枝间疏到隐约可见的程度，便能显著改善树木的通风及光照。

剪枝时应按照由上至下的顺序，同时根据树木外观及时调整剪枝幅度。

剪枝前

过密树冠不仅影响山茶树的通风和光照，还极易引发茶毛虫。

剪枝后

通过修剪树冠内的臃枝而有效缩小了树冠。

首先观察整个树形，然后从树冠上方开始修剪。

找到过长枝的分枝处。

从分枝的杈根处剪去过长枝。树冠上方的剪枝幅度可稍大一些，以加强其通风性。

修剪树冠内的膛枝。

然后依次修剪树冠下方的绕枝。

远观树木并及时清理拥枝，使树木呈现出由上至下渐次浓绿的外观。

Basis
9

修整树形

上部强修，下部微修

不同植物的修整方法不同。例如，不及时间疏山茶及山茶花树墙会极易引发茶毛虫，不及时间疏茂密的卫矛会引发白粉病，修整皋月杜鹃树时可使用修枝剪或电动修枝刷。另外，修整树墙或球形树时要遵循上部强修、下部微修的原则。对于珍珠绣线菊这类灌木，不应盲目剪枝而应充分间疏长势好的枝条并使其垂至地面，如此会使整个树形更加柔美。

主要介绍使用修枝剪和电动修枝刷等工具修整树形的方法及操作顺序。

任其自然生长的日本吊钟花球形树，树冠上方的枝条尤为碍眼。

修整前

修整后

修整后的球形树，外观既规整又漂亮。

126

先在地上铺上薄布或薄纸，以便于清理垃圾。

修整完树周后，平持剪刀大幅修剪树冠上方枝条。

将修枝剪持于身前，保持一只手不动的同时运动另一只
手修剪树周枝条。

也可使用电动修枝刷修整树冠上方枝条。

也可使用电动修枝刷。

最后再用修枝剪进一步规整树形，同时需及时清理掉落
在树上的断枝碎叶。

堆肥箱的使用方法

食物垃圾堆肥可反复使用

　　将家中的食物垃圾直接丢弃未免太过浪费，如将其放入堆肥箱中就可以变成堆肥。所以，请一定尝试利用堆肥箱。

　　分解食物垃圾中有机物的细菌主要有两类，即喜欢空气的好氧细菌和喜欢密闭环境的厌氧细菌。木制堆肥箱较适于好氧细菌生长，如果箱内垃圾过满可适当翻动垃圾以充分混入空气。

　　每次把食物垃圾放入堆肥箱后可在垃圾上覆上一层干土，以形成"食物垃圾→土→食物垃圾→土"的三明治结构。如果箱内填满垃圾，需将其转移至另一个堆肥箱中，如果垃圾湿度多大可撒上适量土。如此重复两次操作，当最初的垃圾放入第3个箱中后不久堆肥就已基本完成。使用堆肥时无须扔掉花盆中的花土，只需在移栽时将堆肥撒在土上即可。

　　由于蚯蚓十分喜欢落叶堆肥，往往能得到高质量的堆肥。

[堆肥中的好氧细菌与厌氧细菌的特点]

好氧细菌	厌氧细菌
·需要氧气	·无须氧气
·有土壤香气	·气味酸臭
·需选择通风好的容器	·需选择密闭容器
·需及时翻动垃圾以混入空气	·需添加发酵催化剂（有机肥）

[利用食物垃圾堆肥箱堆肥]

制作家用堆肥

直接丢弃食物垃圾未免浪费，如能有效利用堆肥箱就能制作出环保型家用堆肥。因此，平时选购食品时也应尽量选择无添加剂及农药的产品。

3

含水量为 60% 的肥料更易于细菌分解，其判定标准是用手能将肥料攥成团，拂拭肥料表面时手上不会粘土。

1

将食物垃圾放入箱中。尽量用报纸等软纸收集食物垃圾，以吸取垃圾中的水分。

4

肥料表面生出的白色霉菌多为放线菌，无须在意。

2

然后在垃圾表面均匀撒上一层干土，土量以能基本覆盖垃圾为宜。

5

当箱内填满肥料时，可将其转移至另一箱中（或翻动）。在夏季，大约 3 个月就能制成全熟堆肥。

[在凉台制作食物垃圾堆肥]

在无土场所制作堆肥

在无土的住宅凉台上也可制作食物垃圾堆肥。这里介绍一下如何利用花盆制作堆肥，另外也可用瓦楞纸箱或塑料收纳箱作为容器。12 号花盆能装入 14L 左右的土，可处理 200 ~ 300g 食物垃圾。

将食物垃圾置于房间角落以使其脱水，然后将大块垃圾切成小块。挖开花盆中的土，放入 200g 左右的食物垃圾。不过，蛋壳等硬质垃圾很难被分解，而且垃圾在冬季的分解时间会延长，需酌情减量。

准备如下物品：花盆（12 号）、盆底石、土、丝袜或无纺布。首先，将盆底石放入花盆中，直至覆盖整个盆底。

将食物垃圾与土充分混合，并把土盖在垃圾上。

然后将土放入花盆中，土量加至距盆边 5cm 左右为宜。可选用用过的园艺土。

用无纺布等盖在花盆上并将其置于向阳处。如果垃圾分解过慢，可再罩上一个塑料袋。此后，可随时根据垃圾分解情况在土中加入食物垃圾并充分混合。

[落叶堆肥]

一举两得的堆肥

利用清扫收集的落叶制作腐叶土，不仅能美化环境，还能制作堆肥，真可谓"一举两得"。蚯蚓最喜欢落叶堆肥，而大量蚯蚓又利于形成颗粒土，所以落叶堆肥是最佳选择。如能将堆肥箱做成跳马箱式的层叠结构，会更利于操作。

3 由于落叶较干，可用喷壶适当喷些水。

1 将落叶放入堆肥箱中。

4 如果箱内落叶较满，可用脚踩实一些。

2 将土撒在落叶上。

5 翻动落叶时，先移开最上层箱，然后用铁锹将最上层箱中的落叶转移至中层箱中。一段时间之后，再将中层箱中落叶转移至底层箱中。

131

植物养护

养护要点及浇水

养护植物的要点之一就是要及时清理残花、枯叶及腐叶，以使植物长期保持健康状态。

另外，浇水也很重要。刚开始浇水时要控制水量，当水被土壤吸收并形成水路后便可大量浇水。在强日照的夏季，必须每天给条盆及花坛中的花草浇水。如果干旱持续时间较长，需给树木充分浇一次水，然后隔段时间再观察其生长情况。

[清理残花]

首先找到花茎分枝处，然后用剪尖剪去花茎。

如不及时清理，遇到雨天或浇水时残花就很容易腐烂。

[浇水]

一旦植物缺水就应立即浇水，而且浇水要充分。

刚开始浇水是为了形成水路。

管理杂草

对于一个环境优美的庭院而言，有效管理杂草十分关键。

如能在初春播种一些三叶草或是种上百里香等匍匐植物，它们就能有效抑制杂草生长。

另外，可在无须杂草的场所铺设砖石，通过每日行走来加固地面，从而间接抑制杂草生长。

如果杂草长势过猛或侵入其他种植区时，可从地表割除或拔除杂草。如果庭院面积较大，还可使用剪草机将杂草修剪至 5cm 左右的高度。将杂草剪得过短反而会刺激其生长，而 5cm 的高度则能相对减缓杂草生长。

[管理杂草]

铺石

铺设固体沙或砖石以减少土地面积。

割除

如果场所狭窄，可用修枝剪将杂草剪至5cm 高。

修剪

茂盛的杂草会给人一种杂乱感，应将其修剪规整。

覆盖

用三叶草、百里香等草坪植物覆盖杂草。

病虫害防治

用有机喷雾对付虫害

如果想减少病虫害，首先要做到及时剪枝以改善植物的光照和通风，因为昆虫都喜欢选择树冠茂密且不易被天敌发现的地方产卵。同时，还要控制化肥及有机肥的使用量，因为植物一旦营养过剩会极易引发蚜虫及介壳虫虫害。另外，傍晚后给植物浇水还易吸引蛞蝓和夜蛾。

如果同一植物每年都出现同种虫害，可尝试喷洒有机喷雾（配制方法详见 P136 ）。该喷雾是用大蒜、辣椒、蕺菜和木醋液等配制而成，是绿色环保的无公害制剂。不过，该制剂的主要作用是规避昆虫，并不具有化学农药的杀虫作用。另外，该制剂的使用浓度无须太高，可将其稀释 1000 倍后经常喷洒植株。如果效果不明显，可适当提高浓度。其实，单凭有机喷雾并不能完全消除虫害，它只有在剪枝程度、土壤状况等多因素的联合作用下才能充分发挥效力。

[主要病虫害]

卷叶病

嫩叶呈不规则皱缩，多由寄生性丝状菌（霉菌）引起。

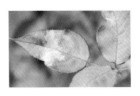

白粉病

由一种寄生性霉菌引起，植物叶表如同涂上一层白粉，会影响植株的光合作用。

蚜虫

蚜虫出生 5 ~ 10 天后就可产卵并且能不断繁衍。过度施肥极易引发蚜虫，另外蚜虫最喜食嫩芽。

自制无公害农药

如果你对庭院中的病虫害感到十分头疼，不妨动手配制无公害农药（配制方法详见 P137）。该农药保质期虽短，却不含防腐剂等任何化学添加剂，因此更为安全。配制该农药时最好选用无农药的绿色产品，如此能大幅提升农药的效力。不过有一点需谨记，此类农药不同于杀虫型化学农药，主要起到规避昆虫的作用。

由于喷洒该农药时气味较强烈，最好选在邻居们收完晾晒物的傍晚进行。农药溅到衣服上并不要紧，如果不小心溅到眼睛里，其中的辣椒成分会引起灼痛感，操作时最好戴护目镜。

喷药时不能仅喷洒一次高浓度制剂，而应多次喷洒低浓度制剂。另外，喷药时间最好选在喷药后 3 ~ 4 天内无雨的时候。

喷洒无公害农药时，自己应多做尝试。虽然也可求教于经验人士，但不同庭院的喷药次数也各不相同。

对于有机喷雾而言，可先将其稀释 1000 倍后喷洒 3 次。如果效果甚微，则可将原液稀释 800 倍再喷洒 3 次以观察其效果。如果效果还不理想，则可选用稀释 600 倍的制剂喷洒 3 次……如此逐渐提高药剂浓度。不过，当喷药对象是树木时，稀释 600 倍的制剂就已达最高浓度。继续提高浓度不仅影响农药的效力，还会导致树木枯黄。另外，该农药的有效期为 2 ~ 3 年，请在有效期内使用。

喷药要点

- 根据天气预报选择未来 3 天均为晴天的某天傍晚喷药。
- 事先告知邻里，请他们及时收好衣物。
- 不采取一次性喷洒高浓度制剂的方式，应采取多次喷洒低浓度制剂的方式。
- 喷药结束后，需用水充分洗净喷洒器等工具。

使用喷雾器对小型草花喷药，用喷洒器对树木喷药。另外，还有更为便利的家用电动喷药器。

[有机喷雾的配制方法]

[**材料**] 木醋液…200mL、大蒜…10g、辣椒…10g、蕺菜…30g

③

将大蒜剥皮后横切成薄片。

①

将辣椒去蒂、去籽后切成适当大小。

3 个月后

④

将各种切碎的材料提前 3 个月放入容器中，然后倒入木醋液放置两周左右即可使用。

②

将蕺菜切成 5mm 左右宽，如果蕺菜附带花朵可与花茎一同切碎。

⑤

使用时需倒出部分液体，用水稀释 600 ~ 1000 倍后喷洒植物即可。

[其他无公害农药的使用方法]

咖啡

直接喷洒原浓度咖啡可预防螨虫及蚜虫。应选用速溶咖啡，不要用罐装咖啡，并且保证当日喷洒完所有咖啡。

草木灰

低温烧制枝叶、杂草制成草木灰，将其薄涂在叶片上能起到预防虫害的作用。

护根用蔽菜

割除一些蔽菜叶放于其他植物周围即可预防虫害。不过，蔽菜叶一旦干枯就会丧失效力，应及时更换新叶。

醋

用水将醋液稀释 25 ~ 50 倍，可用此溶液擦拭感染煤污病的叶片。另外，在喷洒其他无公害农药之前喷洒醋液，也利于保护"益虫"。

海藻提取液

将羊栖菜、羽叶藻、海萝等海藻放入水中熬煮，待溶液冷却后将其喷洒在树根周围。该溶液能有效防止蚂蚁聚集，不过需在当日用完所有溶液。

问荆喷雾

将 10g 干燥问荆放入 2L 沸水中煮 20 分钟左右，然后用 10 倍的水稀释后即可使用。该溶液能有效防治白粉病和黑点病。当溶液过多时，可放入冰箱保存一周左右。

有效利用雨水

高效利用雨水收集装置

雨水除了能灌溉植物，还能补充莲花缸内的水以及清洗蔬菜、工具等。如果家中建有完善的循环系统,可将雨水作为家庭洁厕用水；如果家中安有简易净水器，还可将雨水作为备用饮用水。

不过，雨水最为常规的用途还是灌溉。一般可用大水桶、水瓮或水缸存放雨水，不过这些容器很容易变成蚊虫的温床。因此，我建议大家最好选用雨水收集装置，在雨水收集装置上安装水龙头或另设一个软管专用水龙头会更加便利。

将雨水收集装置安装在较高位置不仅能实现远距离灌溉，还便于安装水阀。雨水收集装置的材质多为钢桶，另外还有树脂、不锈钢等多种类型。容量太小的雨水收集装置不便于使用，一般应选择150L 以上的雨水收集装置。

另外，还有一种大规模利用雨水的方法，即通过地下水槽收集雨水并利用水泵向庭院水管供水。

利用雨水收集装置上的软管给植物浇水。

[雨水收集装置的构造]

将雨水收集装置安装在较高的位置，由此产生的水压便于用软管灌溉。

分水装置。当雨水收集装置内水量饱和时，雨水便不再流向塔内，而是通过分水装置从雨水管流出。

在雨水收集装置上设置两个水龙头，其中一个为软管专用。

充分考虑整体布局

为了营造实用、优美、愉悦的庭院环境，必须充分考虑活动线、给水站、花坛等景观的布局。

布局上的灵动变化

活动线是庭院设计的重中之重。应尽量避免在平面图中出现交叉型或对向型活动线，以使整体布局更富于变化也更为实用。当你走入一个布局合理的庭院时，就能不由自主地感受到园中的自然气息。

如何将庭院路、用水处、遮蔽墙、花坛、收纳等巧妙组合在一起显得至关重要。出色的庭院布局不仅具有极强的实用性，还会给人以赏心悦目之感。

[布局要点]

应避免交叉型或对向型活动线。

将庭院路、用水处、遮蔽墙、花坛、收纳等巧妙组合在一起。

设计时应充分考虑建造物的功能性和便利性。

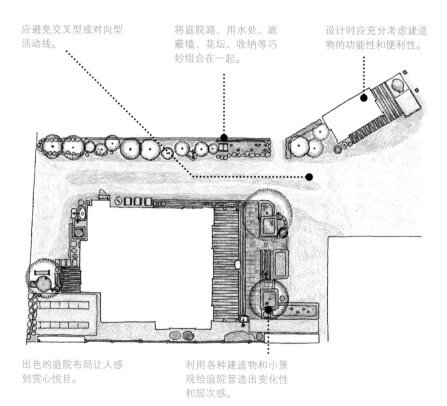

出色的庭院布局让人感到赏心悦目。

利用各种建造物和小景观给庭院营造出变化性和层次感。

[庭院路·活动线]

庭院路
在房屋周围铺设平整地砖能更加便于出行，另铺一条意趣盎然的小路也让人备感愉悦。

活动线
铺设庭院路时应充分考虑主人的活动路线，道路两旁的杂草并没有丝毫杂乱之感。

[水阀·水管]

立式水阀
安装水阀时应选择简单实用的样式，不要选择装饰性太强的产品。上图中用花盆代替了水槽，并在盆中放入沙石。

水管
在庭院中央安装一个不锈钢水管，同时给水管安上两个水龙头，其中一个为软管专用。上图中的软管长度基本能保证庭院的整体灌溉供给。

盆栽栅栏

在木栅栏的格子中放入几个花卉盆栽，便能巧妙地吸引人们的注意力。

茉莉挡墙

在遮挡铁仓库的木栅栏上爬满了茉莉，整体外观更显自然。

三段式栅栏

单扇栅栏让庭院显得刻板无趣，而三段错位式栅栏则让庭院更富有情趣。

竹墙

竹栅栏最适合作为农家庭院外用卫生间的遮蔽墙。

两用收纳架

利用该收纳架放置空调的室外机箱，
同时可将雨水塔置于机箱上以加大
水压。

门旁收纳柜

可用于放置竹扫帚、剪草机等。另外，
安装时切勿堵住煤气热水器的风道。

院墙式收纳间

在院墙处修建 60cm 厚度的收纳间，
可用来放置花盆、赤玉土等物品。

死角收纳柜

在门旁与车库之间的死角区做一个收纳柜。

错位栅栏

使甬路穿过间错排列的栅栏。

缓坡甬路

将斜坡与台阶组合在一起的缓坡甬路。

方格篱笆墙

方格篱笆墙界墙能充分保证通风性。

新式竹墙

利用木栅栏框做成的新式竹墙。

遮蔽栅栏

通过栅栏上方的隔板遮挡视线，同时撤去栅栏下方隔板以加强通风。

路间花坛

巧用花坛将道路与甬路连接起来，能让到访者备感愉悦。

花床式花坛

花床式花坛十分便于作业，其木制围边也便于人们随时歇脚。

螺旋花坛

螺旋花坛能大幅提高灌溉效率。

角落小花坛

在角落里修建小花坛能让整体氛围更有生气。

装点庭院的各种小景观

巧用多种建造物打造舒适的庭院空间

为让庭院出行更为方便，可设置木连廊或后廊。也许有人认为设置建造物会让庭院显得狭窄，其实它们反而能给庭院带来更多变化性与层次感，同时还能减少杂草面积。如无特殊需要，最好不要给木连廊安装扶手，以免破坏整体空间感。

棚架、凉亭、栅栏等都是常见的纵向建造物。日本庭院多用铝制栅栏，而欧美则较为流行木栅栏。虽然不同庭院的风格各不相同，但选材时应保证整体风格的统一，同时使自家庭院风格与小区整体风格达到统一。设置木制建造物时应选用无化学防腐剂及涂料的产品，以充分践行有机园艺的理念。

有人喜欢将给水站设置于庭院一角，同时安装一个盖式洒水阀。不过，洒水阀只能连接软管不便于日常清洗。所以，我们应将给水站设置在庭院中央，同时准备一个长度约为庭院半径的软管及附带卷盘。如此一来，给水站就成了庭院的焦点景观。

人们最初修建花床是为了便于残障人士作业，而普通人使用花床则更为便利。70cm 高的花床便于人们直接从房内欣赏花卉，充分实现了人与自然的和谐统一。

设置木连廊更便于庭院主人出行，连廊旁的桌子可供人们用餐或看书。

[花床]

给水站

在花床中设置给水站会更便于灌溉。

适当高度

70cm 的高度既便于日常作业，又利于及时
发现植物的病虫害。

种植草坪

在花床内种植 1 榻榻米大小（90cm×180cm）
的草坪。既能让你随时欣赏到绿色植物，又便
于除草和修剪。

连廊的作用

木连廊将房屋与庭院连接起来，使庭院主人出行更为方便。

檐式木连廊

檐式木连廊利于雨天作业，如果摆放一些桌椅，这里又变成了休闲区。

后廊 + 晾衣架

将后廊与晾衣架组合在一起，更便于晾晒衣物。

木连廊 + 长凳

将木连廊与长凳组合在一起，并将空调室外机箱置于长凳下。

装点庭院的各种小景观

多用途给水站

设置于庭院中央的给水站既能用作长凳又能用作作业台。

桌式给水站

在木桌上安装水龙头和水槽，人们便可随时在此洗手。

不锈钢水池

在给水站安装一个大型不锈钢水池，如此便能清洗各种工具及蔬菜。

选择最佳地点

选择一个最便于使用的地点安装水阀，同时设置软管专用水阀，另外可用放有沙石的花盆当作水池。

园艺专用词汇表

甬路：
连接住宅入口与房屋正门的道路，是人们的主要活动线，也是庭院景观的主要构成要素。

雨水收集装置：
储存雨水的水塔，可用于清洗工具及蔬菜等。通过设置水循环系统还可将其作为洁厕用水及备用饮用水。雨水收集装置能让人们切实感受到生态循环、绿色环保的理念。

化感作用：
化感作用也称"他感作用"，指某种植物释放的化学物质会抑制其他植物或微生物生长的现象。

一年生草花植物：
指播种、发芽后在一年内开花、结实并最终枯萎的草花植物。很多原产地的多年生草花植物被种植到其他地区后受到当地气候影响也会变成一年生草花植物。

联网混凝土：
铺装道路等处的石块。

木连廊：
连接房屋与庭院的中间区域，设置于客厅前方的木连廊是客厅的延长空间。此外，露台和土地也能起到类似作用。

去枝：
通过剪去腐枝及多余枝条来控制树枝量，也称为"间枝"。

园艺品种：
在原有品种基础上通过人为选拔或种间杂交而获得的园艺型或农业型新品种。

分株：
从根部切分大株多年生草花植物以使其增殖的方法。

枯流：
一般指"枯山水（日本庭院风格）"中的流水设计形式，在本书中指雨天的排水沟。

剪草机：
用于剪除杂草及小灌木的机器。

灌木：
立株植物，株高低于 2 ~ 3m，常于根部生出多根细枝，也被称为"Bush（灌木丛）"。

剪枝更新：
从树枝中部剪短枝条，如果枝条发芽应从枝芽上部剪枝。

草坪植物：
指贴地生长的矮株植物，其中以多年生草花、灌木及藤蔓植物居多，其特点是生长旺盛、易于打理。

厌氧细菌：
指生长在无氧环境中的微生物。

好氧细菌：
指生长在有氧环境中的微生物。

针叶树：
具体指叶色、树形极具观赏价值的针叶树，其中以杉树、桧树、扁柏等园艺品种居多。

花盆：
园艺中用以栽种植物的容器总称。

堆肥箱：
利用食物垃圾制作堆肥的容器，具体分为好氧细菌型肥料箱和厌氧细菌型肥料箱。

根瘤菌：
豆科植物的共生细菌，常在植物根部形成大量直径几毫米的根瘤，用以固定空气中的氮。

杂草：
指栽种计划之外的草类植物，因其可通过人工改良生长于半自然环境中所以又称"乡村植物"。我们不仅可以通过杂草了解土壤情况，还可使其成为自然型庭院的重要景观元素。

近山：
具体指位于村落附近、由村民管理维护并加以利用的山林及田野。

酸度：
大多数植物都适于生长在弱酸性（pH 值为 5.5 ~ 6.5）环境中。由于日本多雨会导致土壤中的石灰成分流失而变成酸性土壤，因此栽种前应先撒上草木灰以形成弱酸环境，此作业即为"调整土壤酸度"。

山野草：
一般指自然生长在国内外郊区的野草、草花及灌木等，这里主要指极具观赏价值的园艺品种，不仅是野生植物也包括栽培品种。

自花授粉：
植物通过自体花粉进行授精、结实的过程。

直播：

在庭院、花坛等观赏区直接播种种植的方法，适于不喜移栽的植物。

四季开花：

某些植物在四季分明的地区没有特定花期，只要温度、日照合适就能开花。另外，将日本春秋两季开花的植物称为"两季开花"。

自然树形：

指不经人工修剪而自然长成的树形。

下草：

主要指生长在树下或高株植物根部的草花植物。一般而言，繁茂的大叶植物下方最适合种植耐阴性强的草花。

弱剪枝：

适度剪短枝端的剪枝方法。

借景：

日本庭院的一种造园法，指利用园外的山林、竹林、湖泊等景致作为庭院的构成元素。

树冠：

树木的茎、叶、花等地上部分。

宿根草：

某些多年生草本植物在不适于生长的季节，其地上部植株会枯萎，根、芽则进入休眠，当条件适宜时植株又会重新生长。

常绿树：

树木叶片寿命多在一年以上，叶片不会同时掉落而是交替更新新叶，从而使树木四季常青。常绿树叶片多较为厚实且叶色浓绿、泛有光泽。

植被区：

指栽种植物的特定区域。有机栽培的植被区内会种植多种植物，从而实现生物多样性。

标志树：

庭院植物的主角，对庭院及住宅风格起到决定性作用，常选用乔木或小乔木。

生态系统：

自然界生物通过相互作用、影响而构建起来的平衡系统。

剪枝：

通过剪去植物的多余枝、茎而达到控制树形、改善通风及光照的目的。另外，庭院植物剪枝主要是为了规整树形、促进植株生长。

杂木：

最初将人工种植的可利用树材（杉树、桧树等）之外的山野阔叶树称为"杂木"，过去常被用于烧火、制炭及种植菌类。目前，庭院常用杂木主要有枫树、野茉莉、米槠、鹅耳枥、枹栎等。

总苞片：

将聚生在花朵或花序周围的变态小叶称为"苞片"，将多个苞片的聚生体称为"总苞"，将构成总苞的单个苞片称为"总苞片"。

耐阴性：

某些植物在日照不充足的背阴环境中也能生长，在树荫或建筑物形成的背阴处可种植半耐阴或耐阴性植物。

堆肥：

指落叶、食物垃圾、枯草、麦秆等通过发酵而形成的有机肥，也可加入畜粪，常用于改良土壤及肥料。

异花授粉：

花粉附着在其他植株的雌蕊上进行授精的过程。

地下茎：

指生长在地下的茎。

氮素：

是植物生长的三种必要肥料之一。豆科植物能通过根部的根瘤菌固定氮素。

固土作用：

在花园的斜坡等处种植一些植物或铺设建造物以防止水土流失，最常用的是生长旺盛的草坪植物。

中庭：

利用建筑物之间或建筑物与围墙之间的狭窄空间建成的庭院。

定植：

将苗盆或苗床中的花苗移栽到花坛、条盆等观赏场所的过程。

过长枝：

从植物根部附近或老枝上长出的过长新枝。

Topiary（灌木修剪法）：

该修剪法起源于古罗马时代，具体指通过人工修剪或植物攀附生长而形成各种立体图案或动物造型。

棚架：

格子墙，易于藤蔓植物攀附生长。

两年生草花植物：

指播种、发芽后在一年以上、两年以内完成开花、结实并最终枯萎的草花植物。该植物在发芽的第一年长出茎、叶、根，然后休眠越冬，在第二年开花、结籽然后枯萎。不过，某些两年生草花植物的生长周期会受气候条件影响而缩短，从而变成一年生草花植物。

烂根：
过度浇水或土壤板结而造成植物根部通风较差并最终引起烂根。如果有少量烂根，可去除腐烂部分并及时改善土壤通风条件；如果有大量烂根，会导致植物枯死。

固根植物：
为实现栽种平衡而在树根处栽种的其他植物。

根土：
从苗盆中取出花苗或从土中挖出植物时，植物根部附带的土壤。

缠根：
移栽花苗或树木时，用草绳、稻秆、布等缠在根部以防根土散落。

凉亭：
指藤蔓植物攀附生长的西式棚架，可作为庭院中的焦点景观。

香草：
欧洲自古以来就在医疗、美容及烹饪中使用一些具有独特香气的药草或香草，此类植物的种类非常丰富，常见的品种有甘菊、鼠尾草、薰衣草、薄荷、百里香、意大利欧芹等。

清理残花：
将开花后的枯花称为"残花"，将摘除残花的作业称为"清理残花"。如不及时清理残花不仅影响植株美观，还极易引发病害，而及时清理残花能保证结实后植株的健康状况。

叶晒伤：
当半背阴植物或彩叶植物受强光照射时，叶片出现变色的情况称为"叶晒伤"。另外，将室内植物直接放到户外强光下也易导致叶片晒伤。

半背阴：
具体指树荫下或日光柔和的环境。另外，也包括每天有3～4小时日照的环境。

条纹植物：
指部分叶片或组织因失去叶绿素而变成白色、黄色的状态。条纹植物很受欢迎，已培育出很多品种。

焦点景观：
指庭院中最吸引眼球的植物或建造物。视线中的一个焦点景观往往浓缩了整个庭院风格，而同时呈现多个焦点景观反而会给人以不和谐感。所以，在设置焦点景观时一定要遵循景观随视线而逐一呈现的原则。

腐朽菌：
导致木材等物腐烂变质的菌类。

腐殖质：
动植物及微生物遗骸在土中被分解后转化而成的物质。土壤中的腐殖质越多土壤越肥沃，因为该物质对植物生长起到重要作用。

腐叶土：
落叶、枯叶通过土中细菌进行发酵、沤熟而形成的土。

放线菌：
其特征介于细菌和霉菌之间，多存在于土壤中，能分解植物。

护根：
指用覆盖物覆盖土壤表面的方法，其作用是防止土中水分蒸发及地表升温过快。另外，还可用草坪植物进行护根。

间疏：
根据植物的生长情况适当拔除过密植株、枝条及花苞，其目的是改善光照和通风，同时还能降低发生病害的概率。

水缸：
具体指石洗手盆、荷花缸等存水容器。水缸是鸟、虫们的饮水处，如用水缸养一些青鳉鱼还能抑制孑孓的生长。

主园：
指连接客厅与饭厅的庭院区域，一般将日照充足的南向区域作为主园。

遮蔽物：
为遮挡园内的私密区域而栽种的树木或设置的建造物。

目土：
指铺设草坪时薄撒于草坪上的细土。

重瓣开花：
指多片花瓣重叠在一起的开花方式，重瓣花内侧的花瓣多由雄蕊和雌蕊变化形成。

引枝：
将植物的枝、茎固定在栅栏或棚架上以做出特定树形。

有机肥：
以鸡粪、牛粪、油渣、落叶、食物垃圾等为原料制成的肥料。由于有机肥需通过土壤中微生物分解为无机物后才能被植物吸收，因此发挥肥效较慢，但是能长期保持肥效。

方格篱笆：
将桂竹横绑在等距离排列的圆木上

并用棕榈绳固定而做成的竹墙。方格篱笆常用作庭院界墙或分区墙。

落叶树：
此类树木遇到低温、干燥等不适宜生长的季节时会掉落全部叶片并进入休眠，绝大多数落叶树都是阔叶树。

格栅栏：
斜格式高强度栅栏，可使藤蔓植物攀附生长，还可用作庭院栅栏及分区栅栏。

匍匐茎：
从总株长出的贴地茎，该茎能长出幼株还能生根。

绿荫：
由绿叶植物形成的蔽日阴凉区，常用于避暑。

花床：
最初是为了便于残障人士及老年人作业而设计的高式花坛。花床不仅便于使用，其日照和通风性也很好。

堆石庭院：
以山石、石块为主体并配有植物的庭院。

内容提要

本书能够给尝试家庭园艺设计的初学者提供详尽的指导。在介绍庭院设计时，充分考虑到初学者的情况，采用了大量图片与详细案例，选择的植物均为有机植物。全书图文并茂，操作简便，效果美观，帮助家庭园艺初学者快速入门，从而进一步打造出拥有独特风格的庭院。本书适合家庭庭院园艺爱好者阅读。

北京市版权局著作权合同登记号：图字 01-2018-2866 号

HAJIMETE NO TEDUKURI ORGANIC·GARDEN

Copyright © 2016 Toshi HIKICHI、Yoshiharu HIKICHI

Interior design by Yurie ISHIDA(ME&MIRACO)

Illustrations by Yoshiharu HIKICHI、Takako HASEGAWA

All rights reserved.

Original Japanese edition published by PHP Institute, Inc.

This Simplifed Chinese edition published by arrangement with PHP Institute, Inc. through Eric Yang Agency

图书在版编目（CIP）数据

有机花园：家庭庭院设计风格与建造 /（日）曳地 Toshi，（日）曳地义治著；冯莹莹译. -- 北京 ：中国水利水电出版社，2019.8
ISBN 978-7-5170-7597-4

Ⅰ. ①有… Ⅱ. ①曳… ②曳… ③冯… Ⅲ. ①观赏园艺 Ⅳ. ①S68

中国版本图书馆CIP数据核字(2019)第069207号

日方工作人员

摄影：田中 TSUTOMU　　　　编辑制作：株式会社童梦

照片提供：香川淳（螳螂 / p12）　Watanabe Akihiko（野菜 /p13）　黑泽有一（铁马鞭 /p91）
　　　　　岩谷美苗（虎杖 /p16；鸭跖草 /p91；紫花野芝麻 /p97）

策划编辑：张　静　责任编辑：陈　洁　加工编辑：白　璐　封面设计：梁　燕

书　　名	有机花园——家庭庭院设计风格与建造 YOUJI HUAYUAN——JIATING TINGYUAN SHEJI FENGGE YU JIANZAO
作　　者	[日] 曳地 Toshi　曳地义治　著　冯莹莹　译
出版发行	中国水利水电出版社 （北京市海淀区玉渊潭南路 1 号 D 座　100038） 网址：www.waterpub.com.cn E-mail：mchannel@263.net（万水） sales@waterpub.com.cn 电话：（010）68367658（营销中心）、82562819（万水）
经　　售	全国各地新华书店和相关出版物销售网点
排　　版	北京万水电子信息有限公司
印　　刷	雅迪云印（天津）科技有限公司
规　　格	184mm×240mm　16 开本　10 印张　200 千字
版　　次	2019 年 8 月第 1 版　2019 年 8 月第 1 次印刷
印　　数	0001—5000 册
定　　价	49.90 元